球兰鉴赏

...ication and Appreciation of Hoyas

主编 张静峰 林侨生

SPM 南方出版传媒

广东科技出版社 ｜ 全国优秀出版社

· 广州 ·

U0214420

图书在版编目（CIP）数据

球兰鉴赏/张静峰，林侨生主编. —广州 ： 广东科技
出版社，2018.2

ISBN 978-7-5359-6852-4

Ⅰ．①球⋯ Ⅱ．①张⋯ ②林⋯ Ⅲ．①萝藦科—花
卉—观赏园艺 Ⅳ．①S68

中国版本图书馆CIP数据核字（2018）第006039号

球兰鉴赏

责任编辑：李　旻　罗孝政
装帧设计：友间文化
责任校对：蒋鸣亚
责任印制：彭海波
出版发行：广东科技出版社
　　　　　（广州市环市东路水荫路11号　邮政编码：510075）
http://www.gdstp.com.cn
E-mail：gdkjyxb@gdstp.com.cn（营销）
E-mail：gdkjzbb@gdstp.com.cn（编务室）
经　　销：广东新华发行集团股份有限公司
排　　版：广州市友间文化传播有限公司
印　　刷：广州市岭美彩印有限公司
　　　　　（广州市荔湾区花地大道南海南工商贸易区A幢　邮政编码：510385）
规　　格：787mm×1092mm　1/16　印张9.75　字数195千
版　　次：2018年2月第1版
　　　　　2018年2月第1次印刷
定　　价：88.00元

Preface

　　球兰是夹竹桃科（Apocynaceae）萝藦亚科（Asclepiadoideae）球兰属（*Hoya* R. Br）植物的统称，因其伞状花序常为球状，花清香如兰，故名球兰。球兰属植物通常为藤本或半灌木，常附生或缠绕于树干或岩石上，适合盆栽于阳台、窗台或吊挂栽培观赏，既可用于案头装饰，部分大型藤本还可作为庭院、公园的棚架观赏。

　　球兰作为肉质观赏植物，在国外颇为流行，是园艺界的新宠，据统计，全球有500～600种（含栽培品种及未鉴定种）被园艺爱好者所收集。与兰科植物一样，一旦发现有新的野生资源，即被采集。因球兰属植物主要靠扦插繁殖，所以对野生资源破坏相对较小。

　　目前，球兰属植物引种、栽培遇到的最大问题是种类鉴定。球兰属植物主要分布于亚洲最大、世界第九的中-缅生态热点地区（Indo-Burma），而这个地区的很多国家如位于菲律宾群岛、马来半岛及中南半岛上的国家大多缺乏完整的植物分类学文献。另外球兰是作为肉质观赏植物而得到植物爱好者广泛收集与栽培，这使球兰种类的鉴定变得更为复杂。中国球兰属植物分类文献最为完整，*Flora of China*（第16卷萝藦科）已在1995年出版，这为国外植物爱好者认识中国球兰提供了一个重要途径。

　　球兰属植物在中国的园艺应用才刚起步。近年，中国从国外引进了300～400种球兰（含栽培品种及未鉴定种），这些球兰主要被中国植物园收集，种植在这些植物园的繁育苗圃或温室里的，只有极少数种作为观赏植物在展览温室里向游客展示。中国球兰资源的应用，除了球兰属的模式种[*Hoya* carnosa (L. f.) R. Br.]外，稀见栽培。

中国科学院华南植物园是中国植物园收集和保育球兰属植物最多的植物园。从建园初始就有引种球兰属植物，至今成活的有600余号。经过多年的引种栽培，积累了大量的第一手资料。我们根据这些资料，挑选出在广州表现良好、观赏性高的国外球兰59种、3亚种，并结合编者对中国球兰的最新研究，较为完整地记录了中国球兰42种、1变种（含1995年后发表的新种和修订种，以及新记录1种和1异名种修订），编撰成此书。为了让读者更好地掌握球兰属植物及其种类的识别，本书对球兰属植物进行了二级分类；同时，书中物种的描述大部分基于活植物观察而来，每个物种配有多张特征照片，使观察更为准确和直观。

本书在编撰过程中，得到了中国科学院植物研究所刘冰博士、中国科学院昆明植物研究所蔡磊博士和吴之坤博士、中国科学院华南植物园叶育石工程师、中国科学院广西桂林植物园韦毅刚主任、上海辰山植物园葛斌杰博士、北京林业大学沐先运博士、西华师范大学舒渝民博士和中国热带农业科学院热带作物品种资源研究所黄明忠助理研究员等多位老师的大力支持和帮助，并为本书提供了部分球兰属植物照片；同时还获得众多老师和同仁的协助和指导，在此向这些老师和同仁表示衷心的感谢！由于水平有限，书中难免有错误和不足，恳请读者批评指正！

编　者
2017年10月于广州

introduction
内容简介

　　本书内容主要由绪言、中国球兰鉴赏和国外球兰鉴赏三部分组成。为了让读者更好地掌握球兰属植物及其种类的识别，本书对球兰属植物进行了二级分类，即中国球兰的分类是基于乳汁的类型，国外球兰的分类是基于副花冠裂片的类型。同时，书中对球兰物种的描述大部分基于活植物观察而来，每个物种配有多张特征照片，使观察更为准确和直观。

　　本书共介绍了中国球兰42种1变种，以及在广州栽培表现良好、观赏性高的国外球兰59种3亚种。

本书得到以下项目的资助

广州市科学技术协会、广州市南山自然科学学术交流基金会、广州市合力科普基金会

广东省科技厅"科普创新发展领域"（2017A070713022）

广州市天河区科普项目（2015KP031）

科技基础性工作专项"植物园迁地栽培植物志编撰"（2015FY210100）

目录
Contents

绪 言

Q 球兰属分类与分布

　　球兰为夹竹桃科（Apocynaceae）萝藦亚科（Asclepiadoideae）球兰属（*Hoya* R. Br）植物的统称。夹竹桃科是双子叶植物中最大的科之一，约有5 100种（Nazar et al，2013），全世界都有分布，但主要分布于热带及亚热带地区。现今流行的夹竹桃科分类系统是由Endress et al（2014）提出的，即由原来的夹竹桃科和萝藦科合并而成。新的夹竹桃科被划分为5个亚科，即从原来的夹竹桃科独立出来的夹竹桃亚科（Apocynoideae）、萝芙木亚科（Rauvolfioideae）2个亚科，以及由原来的萝藦科独立出萝藦亚科（Asclepiadoideae）、杠柳亚科（Periplocoideae）、鲫鱼藤亚科（Secamonoideae）3个亚科。

橙花球兰 *Hoya lasiogynostegia*
灌木，附生于树上

（黄明忠提

早在18世纪，瑞典探险家Peter Johan Bladh从中国广州带了一份植物标本送给瑞典著名生物学家林奈，林奈的儿子在1781年以*Asclepias carnosa* Linn. f. 发表（Traill，1830）。到了1810年，英国植物学家Robert Brown把*A. carnosa* 从*Asclepias* L.（马利筋属）中独立出来，并建立了一个以他的好友——英国著名园艺学家Thomas Hoy名字命名的新属*H. carnosa* R. Br.（球兰属）。当时仅有的*H. carnosa* 1种成为19世纪欧洲颇受欢迎的观赏植物。如今，球兰属有350~450种，主要分布于热带亚洲、南亚热带、大洋洲等，其分布范围从西北至喜马拉雅山、东北至琉球群岛、南至澳大利亚、东南至斐济群岛（Rodda et al，2015；Lamb et al，2015）。

中国处于球兰属自然分布的西北至东北边缘地带，有42种、1变种，主要分布于西南地区（含西藏南部、四川西部、贵州西部、云南等）和华南沿海（广东、海南、福建南部、香港、澳门等）。

什么是球兰

　　球兰通常为附生灌木或缠绕藤本，附生、匍匐或缠绕于树上，或攀附于岩石上。灌木型球兰枝条通常较短，藤本型球兰枝条较长，如最矮的伞花球兰（*Hoya corymbosa*），茎长仅10~20cm；最高的冠球兰（*H. coronaria*）茎可长达20~30m（Lamb et al，2015）（图1）。

图1　球兰习性

凸脉球兰（ *Hoya dasyantha* Tsiang ）
藤本，缠绕于树上或攀附于岩石上
（韦毅刚提供）

球兰叶柄通常为圆柱形，少数种具沟槽；叶肉质，稀先端凹缺；羽状叶脉；叶形多样，有线形、卵形、圆形、方形等（图2）。

图2　形态多样的叶

腋生花序

花序梗1年生

大勐龙球兰
Hoya daimenglongensis

A.

贝拉球兰
Hoya bclla

因花掉落而遗留的痕迹

B. 蛋黄球兰 *Hoya vitellina*

C. 多穗球兰 *Hoya polystachya*

图3 花序梗
A. 1年生；B. 多年生（单个花序）；C. 多年生（多个花序）

A.反卷球兰*Hoya revoluta* B.裂瓣球兰*Hoya lacunosa* C. 黄花球兰 *Hoya fusca*

图4 花序
A. 伞状凹陷；B. 伞状扁平；C.伞状突起（球形）

　　球兰花序为假伞状花序，顶生或腋生；花序梗1年生或多年生，一个花序梗上通常只有一个伞状花序，稀多个；着花一朵至数十朵；伞状花序扁平，或突起，或凹陷；大苞片通常脱落，小苞片宿存（图3、图4）。

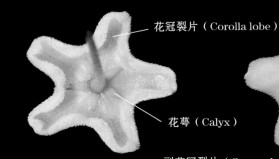

花冠裂片（Corolla lobe）
花冠（Corolla）
合蕊柱（Gynano
花萼（Calyx）
副花冠（Corona

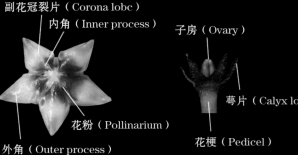

副花冠裂片（Corona lobc）
内角（Inner process）
蕊裙（Anther skirt）
子房（Ovary）

花粉（Pollinarium）
萼片（Calyx lo

反卷边缘（Rcvolutc margins）
外角（Outer process）
花梗（Pedicel）

图5　大绿叶（*Hoya motoskei*）花的结构

花冠背面无毛

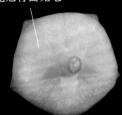

希凯尔球兰
Hoya heusehkeliana

花冠背面被毛

基斯球兰
Hoya keysii

图6　花冠背面

　　球兰花由花萼、花冠、合蕊柱、副花冠、子房等组成。花萼5深裂；花冠蜡质，5裂，形态多样，反卷、扁平（或近钟形）或钟形，裂片边缘反卷，冠内表面被毛或部分被毛（毛密集或稀疏），外表面通常无毛，稀被毛；合蕊柱是球兰花中雌蕊和雄蕊互相粘合而成的器官，柱状，花药靠合在柱头上，顶端有薄质膜片；副花冠5裂，着生于雄蕊背部而呈星状展开，外角形态多样，有单裂片、双裂片及特殊型裂片3种类型，内角急缩成一小齿依靠在花药上；副花冠外角反卷，在底部形成的器官称为蕊裙；子房通常光滑无毛，稀被毛（图5至图8）。

希凯尔球兰
Hoya heusehkeliana

夜来香球兰
Hoya telosmoides

A.

碗花球兰 *Hoya patella*

纸巾球兰 *Hoya mappigera*

风铃球兰 *Hoya archboldiana*

大卫球兰
Hoya davidcummingii

斯科尔泰基尼球兰
Hoya scortechinii

双色球兰
Hoya bicolor

密叶球兰
Hoya densifolia

猴王球兰
Hoya praetorii

凹叶球兰
B.　*Hoya kerrii*

方叶球兰
Hoya rotundiflora

罗尔球兰
Hoya loheri

埃尔默球兰
Hoya elmeri

荷秋藤
C.　*Hoya lancilimba*

心叶球兰
Hoya cordata

护耳草
Hoya fungii

香花球兰
Hoya lyi

波特球兰
Hoya buotii

图7　花冠类型
A. 钟形花冠；B. 反卷花冠；C. 扁平（或近钟形）花冠

A.

护耳草	蚁巢球兰	洛克球兰	棉叶球兰	钟冠球兰	纸巾球
Hoya fungii	*Hoya darwinii*	*Hoya lockii*	*Hoya lasiantha*	*Hoya campanulata*	*Hoya mapp*

B.　　　　C.

荷秋藤	盈江球兰	匍匐球兰	大卫球兰	夜来香球兰	克朗
Hoya lancilimba	*Hoya yingjiangensis*	*Hoya serpens*	*Hoya davidcummingii*	*Hoya telosmoides*	*Hoya kr*

图8　副花冠类型
A.单裂片；B. 双裂片；C.特殊型裂片

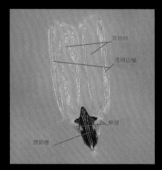

图9　护耳草（*Hoya fungii*）
　　　花粉器示意图

图10　倒卵叶球兰 *Hoya obovata* 的蓇葖果

　　球兰与兰花一样，花粉器为一对花粉块，一朵花有5个花粉器（图9）；球兰的花粉块直立，稀平或倒立，有透明的边缘，稀不透明。

　　球兰果实为蓇葖果，蓇葖果细长或卵形，先端渐尖或圆；种子顶端具有白色绢质种毛（图10）。

球兰属植物栽培

在亚洲，球兰是一种不易被发现的植物，常与兰花、蕨类等附生植物伴生于雨林或常绿阔叶林的树冠层，或攀附于岩石（常为石灰岩）上，是一种典型的热带附生植物（图11至图13）。了解球兰属植物的生态特性，是栽培球兰属植物的重要前提。其栽培的要点如下：

光照：球兰通常生长在雨林或阔叶林的树冠层，不耐强光，在太阳的暴晒下易灼伤，但在极荫蔽的环境下，不易开花。因此，露天栽培时需遮阴以避免阳光暴晒；在室内栽培时，要注意光线，最好放置于光线良好，但又能避免阳光直射的区域。

温度：球兰通常不耐寒，很多种不能耐5℃以下低温。

图11

图12

但在国内栽培的球兰，经过多年的栽培优选，大多能短时忍受0～5℃的低温，但在0～2℃时会有伤害，在0℃以下，多种球兰有冻伤，甚至难以成活。冻害通常从球兰的根部开始，向枝茎蔓延，若气温不能快速回升，植株易死亡。少数分布于新几内亚、斐济群岛的种，其冻害通常从幼枝开始，向根茎蔓延，当气温回升时，冻伤不严重的基部能抽出新芽，比如帝王球兰（*H. imperialis*）。中国球兰是球兰属植物中最为耐寒的种类，分布于海拔1 200m以下的种，表现出耐寒、耐热等特性，某些种甚至可露天栽培，比如球兰（*H. carnosa*）、崖县球兰（*H. liangii*）等。分布于海拔1 800～2 400m的种，尤其附生型球兰，却表现出高山植物的特性，温度高于25～30℃时生长不良，甚至死亡，比如盈江球兰（*H. yingjiangensis*）、贡山球兰（*H. lii*）等。

湿度：球兰为附生或攀缘植物，根系水分极其流失，故以肉质多汁的叶来适应环境。这种生态特性致使球兰喜湿润、通风良好的环境，但也能耐一定的干旱。因此，在栽培上，要保持一定的湿度和通风。

栽培基质：球兰的根忌积水。栽培基质可以参考热带兰花等附生植物，即基质要具有保湿、疏松、透气的特性。扦插基质选择保湿性和透气性优良的进口泥炭土；栽培基质可由颗粒物、泥炭土和有机肥等组成，颗粒物可选择椰壳块或椰糠（脱盐）、树皮、碎砖粒、珍珠岩等或其混合物，泥炭土不能超过10%。目前，国内已有球兰等附生植物专用植料，直接种植即可。

繁殖：球兰需昆虫传粉方可结果。球兰的种子很容易失活，需随采随播，出芽后要及时移植。但在实际栽培中，球兰往往因缺乏昆虫传粉而不结果，故球兰的繁殖以无性繁殖为主。球兰为附生植物，易长出不定根，最常用的方法是扦插，即选择成熟的枝条，每个枝条最好保留叶，根据叶间隔的长短，选择2～3个节。扦插时，叶节最好在基质表层或浅层处，包埋过深易烂根。

中国球兰副花冠形态较为单一，未发现有双裂片型球兰。球兰的汁液通常可分为乳汁和水汁两种类型，中国球兰含水汁的较为常见。

S 水汁型

缠绕藤本，攀附于树上或岩石上。汁液不含乳汁，透明；叶柄粗壮，圆柱形；假伞状花序，球形；花序梗多年生；花冠通常扁平，边缘反卷，冠内毛浓密；副花冠扁平，单裂片，卵形，外角锐，中脊明显隆起。

中国有10种、1变种（含1异名种）。

球兰

Hoya carnosa（L. f.）R. Br.（1810）

原产中国广西、海南、广东、福建南部等。常见栽培。栽培历史悠久，距今有200余年。栽培品种国内称为"绿叶"。

《中国植物志》中英文版关于本种的记载：广布于所有中国球兰原产地（含港澳台）。编者从西南地区、东南沿海等采集了多个原生种，观察其子房，未见子房被毛。但栽培品种"绿叶"与"彩叶球兰"一样，子房皆被疏毛，副花冠的蕊裙形态亦相似，故栽培品种绿叶的原生种应为彩叶球兰。本种的模式标本采集于广州，馆藏于"林奈标本馆"，编者只见过标本照片。

栽培品种绿叶，国内栽培的主要有3个系列：

1. 花色系列　绿叶-白花、绿叶-拉金、绿叶-红花等。

绿叶-粉花 *Hoya carnosa* 'Pink'　　绿叶-拉金 *Hoya carnosa* 'Lakyim'

绿叶-红花 *Hoya carnosa* 'Red'

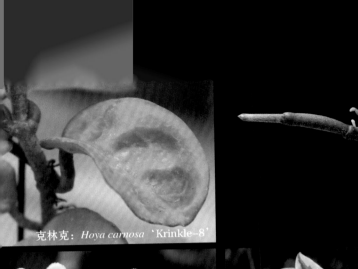

克林克：*Hoya carnosa* ‘Krinkle-8’

克林克：*Hoya carnosa* ‘Krinkle-8’

克林克-外锦

　　2．克林克（Krinkle-8）系列　　叶面有8个凹陷，有克林克-狭叶、克林克-内锦、克林克-外锦等。

　　3．皱叶（Compacta）系列　　由Krinkle-8变异而来，叶间隔极短，叶向右扭转，稀见左扭转，有皱叶-内锦和皱叶-外锦等。

皱叶球兰-内锦

皱叶球兰
Hoya carnosa ‘Compacta’

皱叶球兰
Hoya carnosa
‘Compacta’

皱叶球兰-内锦

彩叶球兰

Hoya carnosa var. gushanica W. Xu（1989）

产于广西、福建等。可耐–2℃的低温，易养护。花期3—11月。

藤本，植株毛较密集，缠绕于树上或岩石上。叶肉质多汁，卵形，基部圆形，先端钝尖，（3.5～12）cm×（3～4.5）cm；羽状脉不明显；叶柄长1～2cm。假伞状花序，球形，有花约30朵；花白色，扁平，直径约2cm；副花冠扁平，具红芯，外角急尖；子房被疏毛。

相似球兰比较：大绿叶、护耳草、尖峰岭球兰（P130）

（引自广

花正面　　花背面　　副花冠正面　　副花冠背面　　子房被毛

附 | 大绿叶
Hoya motoskei Teijsm. & Binn.（1855）

产于台湾及琉球群岛。常见栽培。较耐寒、耐热，易养护。花期3—11月。

藤本，植株毛密集，缠绕于树上或岩石上。叶肉质，卵形，基部楔形，先端钝尖，（7～14）cm×（4～5.2）cm；羽状脉稍显，约5对；叶柄长1～2cm。假伞状花序，球形，有花30余朵；花梗毛稀疏，长30～32mm；花白色，扁平，直径约22mm；副花冠扁平，具红芯，外角急尖；子房无毛。

注：主流观点认为本种为*H. carnosa*的异名，但本种子房无毛，且中国大陆未见野生种，故与*H. carnosa*应为两个不同种。

相似球兰比较：彩叶球兰、护耳草、尖峰岭球兰（P130）

花正面、背面

副花冠正面、背面

广西球兰

Hoya commutata M. G. Gilbert & P. T. Li（1995）

产于广西，中国特有种。未见栽培。较耐寒、耐热，易养护。花期4—8月。

藤本，全株被密毛。叶阔卵形至卵形，基部圆形，先端钝尖，（8～15）cm×（4～6.8）cm；羽状脉可见，6～8对，叶被毛，叶背毛更为浓密；假伞状花序，球形，着花20余朵；花序梗长2～3cm；花梗长约3cm；萼片三角形，外角渐尖；花白中带紫，直径约16mm，冠内被密毛，副花冠白色，具红芯，中脊隆起，外角锐尖；子房光滑无毛（引自广西靖西县）。

注：本种与*H. carnosa*及其近缘种的区别是其植株毛密集，尤其花梗毛更为密集。

心叶球兰

Hoya cordata P. T. Li & S. Z. Huang（1985）

产广西，中国特有种。未见栽培。较耐寒、耐热，易养护。花期3—9月。

缠绕藤本，植株被毛，茎粗壮。叶肉质，长卵形，基部心形，先端钝尖或渐尖，（7～18）cm×（3.5～6.4）cm；羽状脉不清晰或稍明显，侧脉4～6对；叶柄长1.5～3cm。假伞状花序，球形，有花20～50朵；花序梗长1～4cm；花梗长约4cm；花白色，花冠近钟形，直径约18mm；副花冠明黄色，裂片近菱形，直径约9mm（引自广西）。

近钟形花冠

花正面、背面

副花冠正面、背面

护耳草
Hoya fungii Merr.（1934）

　　产于海南、广东、广西及云南。未见栽培。较耐寒、耐热，易养护。花期3—10月。

　　藤本，植株被毛。叶稍肉质，卵形至长卵形，基部楔形，先端钝尖，（9～15）cm×（3.5～6）cm；叶毛不明显，羽状脉6～10对；叶柄长2～3cm。假伞状花序，球形，有花30余朵；花序梗长1～4cm；花梗长34～36mm；花白中带粉，直径约21mm；副花冠白色，具红芯，裂片卵状披针形；子房光滑无毛。蓇葖果表面被毛（引自海南）。

相似球兰比较：彩叶球兰、大绿叶、尖峰岭球兰（P130）

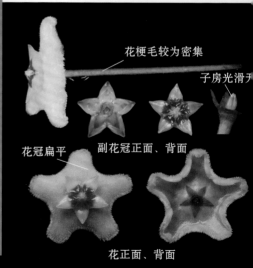

花梗毛较为密集

子房光滑无毛

花冠扁平

副花冠正面、背面

花正面、背面

尖峰岭球兰

Hoya jianfenglingensis S. Y. He & P. T. Li
（2009）

产于海南，中国特有种。未见栽培。较耐寒、耐热，易养护，花期3—10月。

藤本，植株被毛。叶稍肉质，深绿色，卵形至长卵形，基部楔形，先端钝尖，（9～15）cm×（3.5～5.6）cm；叶面毛较密集，羽状脉8～10对；叶柄长1～2cm。假伞状花序，球形，有花30余朵；花序梗长1～4cm；花梗长32～35mm；花白中带粉，直径约20mm；副花冠乳白色，具红芯，裂片卵状披针形，子房光滑无毛。蓇葖果被毛（引自海南）。

相似球兰比较：彩叶球兰、大绿叶、护耳草（P130）

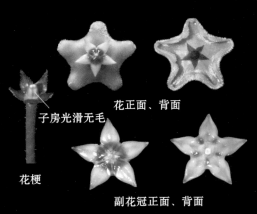

花正面、背面

子房光滑无毛

花梗

副花冠正面、背面

（蔡磊提供）

▌卷边球兰

Hoya revolubilis Tsiang & P. T. Li（1974）

产于广西、云南、贵州，中国特有种。国外偶见栽培，国内稀见。较耐寒、耐热，易养护，花期9月至翌年2月。

藤本，植株被毛。叶厚肉质，椭圆形或倒卵形，基部楔形，先端钝尖，叶尖短，（9~17）cm×（2.5~4.5）cm；羽状脉不明显，3~4对；叶柄长5~20mm。假伞状花序，球形，有花20余朵；花序梗长约1cm，花梗无毛，长约4cm；萼片卵状披针形，长约3mm；花白色，中裂；副花冠乳白色，有或无红芯，裂片卵形（引自广西）。

花正面　　花冠稍向

副花冠正面、背面

子房

花背面

怒江球兰

Hoya salweenica Tsiang & P. T. Li（1974）

产于云南，中国特有种。分布海拔1 600～1 900m。未见栽培。

藤本。叶肉质，卵形，基部圆形，先端钝尖或急尖；（10～12.5）cm×（3.5～4.5）cm，平行脉约4对；叶柄长1～1.5cm。假伞状花序，有花数十朵；花序梗长2～5cm；花梗长约3cm；花白色，花干时，直径约1cm，冠内毛密集；副花冠星状展开，裂片卵形，外角锐尖。

注：未见活植物，描述依据模式标本及《中国植物志》。照片为模式标本T. T. Yü，#23006。

万荣球兰

Hoya vangviengiensis Rodda & Simonsson

（2012）

产于云南文山，老挝有分布。中国新记录种。国外稀见栽培。较耐寒、耐热，易养护，花期3—7月。

藤本，植株被密毛。茎粗2～3mm，长达10m或以上。叶厚肉质，椭圆形或卵形，基部圆形，先端急尖，尾尖长，（8～18）cm×（3～5）cm；羽状脉在叶正面突起，4～5对；叶柄长5～20mm。假伞状花序，球形，有花20～30朵；花序梗长5～30mm；花梗长30～31mm；萼片披针形，长6～7mm；花白色，扁平，直径20mm；副花冠白色，直径8～9mm，裂片近菱形，外角锐尖（引自云南文山）。

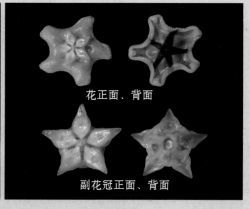

花正面、背面

副花冠正面、背面

R 乳汁型

缠绕藤本或附生灌木。汁液含白色乳汁，稀为黄色；叶柄圆柱形或具槽；假伞状花序，着花一至数十朵；花序梗一年生或多年生；副花冠裂片含单裂片、双裂片及特殊型裂片3种类型。

中国有32种。

齿瓣球兰
Hoya acuminata（Wight）Benth. & Hook. f.（1883）

产于西藏墨脱，中国特有种。中国新记录。未见栽培。

灌木，攀附于树上，植株无毛。枝条下垂或半直立。叶薄肉质，卵形至长卵形，基部圆形，先端急尖；羽状脉5~6对；叶柄具槽，短于1cm。假伞状花序，伞状突起；花序梗1年生，花蕾锥形，顶尖；花白色，厚蜡质，深裂，花冠稍反卷，裂片外侧约2/3处光滑无毛，其余被短密毛；副花冠水红色，较透明，裂片直立。

注：本种于1883年发表后，一直未在野外发现。2015年3月，被昆明植物研究所科研人员在西藏墨脱老虎岩重新发现。

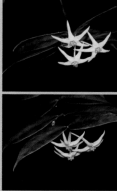

（吴之坤拍摄于西藏墨脱）

白沙球兰
（黄明忠拍摄于海南）

白沙球兰

Hoya baishaensis S. Y. He & P. T. Li（2009）

产于海南，中国特有种。未见栽培。

藤本，植株光滑无毛。叶狭卵形，基部楔形，先端锐尖，（7～12）cm×（3.5～5）cm；叶柄具槽，长1.5～4cm。假伞状花序，球形，有花约8朵；花序梗长3～4cm；花梗长2～3.5cm；萼片卵形，先端尖，长约1mm。花冠厚蜡质，绿色，冠径1.5～2（2.8）cm；副花冠不透明，裂片厚，外角圆。

注：相似种为荷秋藤，本种花为黄绿色，非白色。

霸王岭球兰

Hoya bawanglingensis S. Y. He & P. T. Li（2009）

产于海南，中国特有种。未见栽培。

藤本，幼茎叶被毛。叶基出三脉，卵形或椭圆形，基部圆，先端钝尖或渐尖，（7.5～10.5）cm×（3～4.5）cm；幼叶被毛，老时脱落，具叶缘毛；叶柄圆柱形，长约1.2cm；假伞状花序，球形；花序梗多年生，被毛，长7～10cm；花梗被毛，长20～22mm；花冠完全反卷，内表面被毛，直径约10mm；副花冠具红芯，直立，裂片外角尖（引自海南）。

注：相似种为三脉球兰，唯本种被毛。

景洪球兰

Hoya chinghungensis（Tsiang & P. T. Li）M. G. Gilbert, P. T. Li & W. D. Stevens（1995）

产于云南；缅甸也有分布。

国外偶见栽培，国内稀见。较为耐寒，稍耐热。较难养护。花期4—8月。

悬垂灌木，附生于树上，植株毛密集。枝硬，下垂。叶节密集，长5～15mm。叶肉质，阔卵形，基部圆形，先端锐尖或钝尖，（10～12）mm×（7～8）mm；叶柄纤细，短至1～2mm。假伞状花序，伞状稍凹，有花7朵；花序梗1年生，长10～15mm；花梗长约1cm；萼片卵形，钝头；花白色，直径约13mm；副花冠紫色，较透明，直径约5mm，裂片披针形（引自商业购买）。

花序表面稍凹

枝正面

枝背面

相似球兰比较：贝拉球兰、恩格勒球兰、披针叶球兰（P131）

大勐龙球兰

Hoya daimenglongensis Shao Y. He & P. T. Li（2012）

产于云南，中国特有种。未见栽培。较耐寒、耐热，广州栽培表现较好。花期8—10月。

悬垂灌木，附生于树干上；植株被密毛；茎纤细。叶肉质，线形，（18～38）mm×（2～3）mm；叶缘常反卷，叶脉不明显；叶柄纤细，短至2～3mm。假伞状花序顶生，伞状扁平，直径约35mm，

副花冠较透明，裂片阔卵形

花冠较薄

副花冠背面

花正面

萼片

有花7～9朵；花序梗1年生，长8～14mm；花梗长3～5mm；萼片披针形，长3～4mm；花黄绿色，较薄，直径约12mm；副花冠直径约4.5mm，裂片卵形，外角圆，中脊及边缘隆起。

相似球兰比较：线叶球兰（P132）

厚花球兰

Hoya dasyantha Tsiang（1936）

　　产于海南，中国特有种。未见栽培。较耐寒、耐热，易养护。花期3—9月。

　　藤本，植株无毛。叶心形，基部圆或心状，先端钝尖，（6~10）cm×（3~4）cm；羽状脉明显，3~4对；叶柄具槽，长约15mm。假伞状花序，球形，花序梗多年生，长4~8cm；花梗长约3cm；花萼短至1mm；花冠完全反卷，内表面被毛；副花冠具红芯，外角锐尖，高于内角（引自海南）。

　　注：国内外常把心叶球兰*H. cordata*误作为本种栽培。

黄花球兰

Hoya fusca Wall.（1830）

产于西藏；尼泊尔也有分布。未见栽培。

灌木，附生于树上，植株光滑无毛。叶长圆形或椭圆形，基部圆形，先端钝尖，平行脉约10对或更多；叶柄具槽，长约1cm。假伞状花序，球形，有花20余朵；花序梗1年生，长约2.5cm；花梗长约2cm；花冠淡黄色至金黄色，反卷；副花冠乳白色，或密被红斑。

注：模式标本采集于尼泊尔。《中国植物志》中英文版关于本种的记载，广布于泛喜马立雅山脚地区。比较来自于广西、云南及西藏的原生黄花球兰，植物形态差异显著，应不是同一个种。

海南球兰

Hoya hainanensis Merr.（1923）

产于海南、广东及福建南部。未见栽培。较耐寒、耐热，易养护。花期4—8月。

藤本，攀附于树或岩石上，植株无毛。叶形差异较大，卵形或长卵形，（6～12）cm×（2.2～4）cm，基部急尖，顶端急尖或渐尖；平行脉约4对；叶柄具槽，长5～15mm。假伞状花序，球形，有花20～40朵；花序梗多年生，长1～6cm；花梗长约3cm；花白色或白中带粉，花冠完全反卷，展开时直径1.3～1.5cm；副花冠白色，具红芯或无，直径5.5～6mm，裂片卵形，外角急尖（引自海南）。

注：*Flora of China* Vol. 16 修订为*H. ovalifolia* Wight & Arnott（模式标本采集于印度），两个种除叶相似外，其他形态差异显著，应为两个不同种。

荷秋藤

Hoya lancilimba Merr.（1932）

产于海南、广东、广西及云南。未见栽培。耐寒、耐热，不易开花。

大型藤本，植株无毛。叶卵形至长卵形，基部楔形，先端渐尖或钝尖，（6～15）cm×（2～2.5）cm；羽状脉不明显；叶柄圆柱形，长1～3cm。假伞状花序，多年生，伞状，有花10余朵；花序梗长3～5cm，花梗粗壮，长约4cm；萼片龙骨状；花白色，平展，厚蜡质，冠内被微毛，直径约3cm；副花冠白色，裂片厚卵形，外角圆，直径约10mm。

注：主流认为此种广布于泛喜马拉雅山脚及中国沿海地区，因此，*Flora of China*修订为*H. griffithii* J. D. Hooker（模式标本采集于印度）。但编者认为应为两个不同种。

（黄明忠拍摄于海南）

花正面

花背面

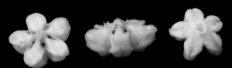

副花冠正面、侧面、背面

（黄明忠拍摄于海南）

橙花球兰
Hoya lasiogynostegia P. T. Li（1984）

　　产于海南，中国特有种。未见栽培。

　　小灌木，附生于树干上。幼茎被毛，茎长约2m。叶肉质，卵状披针形，基部圆形，先端渐尖，具长尾尖，（4.5～7）cm×（1～2.7）cm；羽状脉较为明显，有4～5对；叶柄短，具槽，被毛，长2～4mm。假伞状花序，花序伞状，稍突起，有花近10朵；花序梗多年生，长4～10mm，花梗长10～12mm；花橙色，花冠完全反卷，内毛密集，直径长约10mm；副花冠米黄色，具淡红紫色芯或无，裂片船形，外角圆。

乐东球兰

Hoya ledongensis S. Y. He & P. T. Li
（2011）

产于海南，中国特有种。未见栽培。

藤本，植株无毛。叶卵形，基部楔形或宽楔形，先端急尖，（5～8.5）cm×（3～6）cm；叶柄具槽，长5～15mm。假伞状花序，球形；花序梗多年生，长3～4.5cm；花序长约1.2cm；花白中带粉，花冠完全反卷；副花冠具红芯，裂片外角锐尖，高于内角（引自海南）。

崖县球兰

Hoya liangii Tsiang（1936）

产于海南、广东，中国特有种。偶见栽培。较耐寒、耐热，喜阳，在广州可户外栽培。

攀附大藤本，植株无毛，茎粗壮。叶厚肉质，倒卵形至倒卵状长圆形，基部圆形，先端钝尖，（4.5～7.5）cm×（3～4.5）cm；叶暗绿色；羽状脉不明显；叶柄圆柱形，长约1.5cm。假伞状花序，球形，有花20余朵；花序梗多年生，长约3cm；花梗长约2cm；花冠平展，黄色；副花冠白色，密被红斑，裂片外角圆形（引自海南）。

（黄明忠拍摄于海南）

（舒渝民拍摄于云南保山）

贡山球兰
Hoya lii C. M. Burton（1991）

产于云南，中国特有种。未见栽培。耐寒，不耐热，在广州无法过夏。

藤本，植株被毛。叶肉质，长椭圆形至长卵形，基部楔形，先端钝尖，尾尖长达15mm以上，（6～10）cm×（2～3）cm；羽状脉有5～7对；叶柄具浅槽，长约10mm。假伞状花序，伞状突起，有花约8朵；花序梗多年生，长1～3cm，花梗长约3cm。花桃红色，质地较薄，花冠完全反卷；副花冠明黄色，裂片直立，外角圆形，齿长达2～2.5mm，伸出合蕊冠。

线叶球兰

Hoya linearis Wall. & D. Don（1825）

　　产于云南、西藏墨脱；印度及尼泊尔也有
分布。国外常见栽培，国内偶见。

　　灌木，附生于大树上，植株被毛，枝条下垂。叶线
形，基部圆，先端钝尖；叶两侧边缘反卷；叶面被毛，
叶脉不清晰；叶柄圆柱形，纤细，短于5mm。假伞状花
序顶生，花序梗1年生，有花10余朵；萼片线形；花白
色，副花冠裂片线形。

　　注：模式标本采集于尼泊尔。编者未见国内有野生
分布，亦未发现采集于中国的植物标本。中国是否有分
布，还需进一步的野外调查。

荔坡球兰
Hoya lipoensis P. T. Li & Z. R. Xu（1985）

产于贵州荔波，中国特有种。未见栽培。

攀附灌木，植株无毛。叶狭卵形，（9～15）cm×（3～5）cm；基部楔形，下延；先端钝尖，尾尖长达1.5cm；侧脉近平行，10～12对，近叶缘网结。假伞状花序，花序梗长约2.5cm，花梗长约2cm，花未见。蓇葖果线状披针形，无毛，约155mm×4mm（引自深圳仙湖植物园，种源来自贵州）。

长叶球兰

Hoya longifolia Wall. & Wight（1834）

产于西藏南部、云南；尼泊尔、印度也有分布。未见栽培。

攀附藤本，植株无毛。叶长卵形，长6～14cm，宽20～28mm，基部下延，先端急尖，叶尖明显；叶柄长6～15mm。假伞状花序，花序梗多年生，长1.5～5cm，花梗长约3cm；萼片卵状披针形，先端渐尖；花白中带粉，扁平，冠内被密毛，副花冠厚，外角圆（引自云南保山）。

注：模式标本采集于尼泊尔。根据模式标本及原始文献，本种无毛。当前作为本种在国内外栽培的植株全株被毛，叶形亦不同，应为两个不同种。

香花球兰
Hoya lyi Lev.（1907）

产于广西、云南、贵州、四川等。国内零星栽培。耐寒，怕热，在广州能过夏，不易开花。

攀附藤本，常攀附在岩石或树上。植株毛密集；茎纤细，长可达2～3m。叶形多变，卵形至椭圆形，（1.5～10）cm×（1～3）cm，基部圆形，先端锐尖至圆形；羽状脉明显，3～5对；叶柄长3～10mm。假伞状花序，球形，有花10余朵；花序梗多年生，长2～5cm；花梗长2.5～3cm；花黄绿色或粉色，冠径约20mm；副花冠乳白色，具红芯或无，裂片外角圆，稍高于内角，内角锐尖（引自广西百色）。

注：模式标本采集于贵州。《中国植物志》中英文版关于本种的记载，广布于西南地区。比较从广西、云南、贵州、四川四地采集的原生种，植物形态差异明显，应不是一个种。

船形裂片　花正面、背面　花冠扁平

副花冠正面、背面及侧面

子房

澜沧江球兰
Hoya manipurensis Deb（1955）

　　产于云南。国外常见栽培，国内偶见。较耐寒、耐热，较易养护。

　　小灌木，附生于树上，植株被毛。叶肉质，倒三角形，基部楔形，先端凹缺，（2~3）cm×（1.5~2.5）cm；叶柄长2~10mm。假伞状花序，伞状突起，有花4~10朵；花序梗极短，花梗长3~5mm；花冠白色或粉色，筒状，内筒长约6mm，基部直径约3mm，冠背毛较短，冠内毛较长；副花冠白色，裂片5裂，外角直立，内角顶端具一渐尖的膜片。

　　注：《中国植物志》（1977）记录为*H. lantsangensis* Tsiang & P. T. Li，*Flora of China* Vol. 16记录为扇叶藤*Micholitzia obcordata* N. E. Brown，现扇叶藤属已于2006年归并入球兰属。

（蔡磊拍摄于云南）

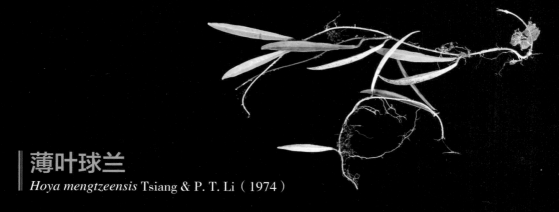

薄叶球兰

Hoya mengtzeensis Tsiang & P. T. Li（1974）

产于云南，中国特有种。分布于海拔1 500～2 000m。未见栽培。耐寒，稍耐热，广州能栽培，但不易开花。

大藤本，缠绕于岩石或树上，幼茎被疏毛。叶肉质，线形，基部楔形，下延，（6～11）cm×（1.5～2）cm；叶柄圆柱形，长1～2cm。假伞状花序，球形，有花20余朵；花序梗多年生，长6～8cm；花梗长约2cm；花白色，冠内毛密集，直径约1.5cm；副花冠白色，具红芯，裂片厚，外角圆（引自云南）。

注：主流观点认为本种是菜豆球兰*H. shepherdii*的异名。两个种副花冠形态完全不同，应为两个不同种。

相似球兰比较：菜豆球兰（P132）

（叶肖石拍摄于云南腾冲）

蜂出巢

Hoya multiflora Bl.（1823）

产于云南、广西；缅甸、越南、老挝、柬埔寨、马来西亚、印度尼西亚、菲律宾等也有分布。常见栽培，耐寒、耐热、易养护。广州栽培几乎全年有花。

相似球兰比较：洛克球兰（P133）

直立灌木，附生于树上，植株无毛，高约1m。叶薄肉质，长椭圆形，（6～15）cm×（4～5.5）cm，基部圆形，先端钝尖，叶尖明显；平行脉，6～8对；叶柄具槽，长1～2cm。假伞状花序，球状，有花20～60朵；花序梗1年生，长约3cm，花梗长约4cm；花黄绿色至黄色，花冠完全反卷，表面具微毛，冠喉内具明显长白毛，展开直径约2.6cm；副花冠白色，外角向下延伸约3mm，齿高于柱头（引自商业购买）。

花正面、背面

副花冠正面、侧面

凸脉球兰

Hoya nervosa Tsiang & P. T. Li（1974）

产于云南、广西，中国特有种。未见栽培。较耐寒、耐热，易养护。广州栽培适应性良好，花期4—8月。

缠绕藤本；茎细，除花梗外植株被疏毛。叶革质，具缘毛，卵形至长卵形，基部楔形，先端渐尖；（7～15）cm×（3～5）cm；羽状脉在叶面突起，5～6对；叶柄圆柱形，被疏毛，长5～25mm。假伞状花序，多年生，有花20～40朵；花序梗长5～15cm，花梗长约2cm；花白色或淡紫色，表面具微毛，花冠完全反卷，展开直径16～18mm；副花冠白色，红芯有或无，裂片卵形，外角锐尖（引自云南文山）。

注：有两个生态型——白花和紫花。

茎、花序梗被毛

紫花与白花的对比

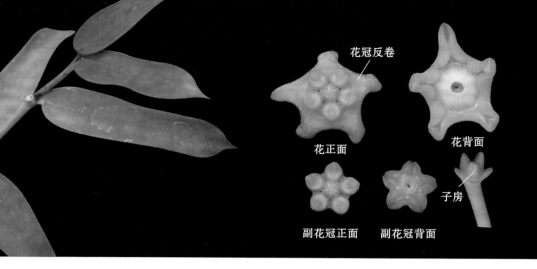

花冠反卷

花正面

花背面

子房

副花冠正面　　副花冠背面

琴叶球兰

Hoya pandurata Tsiang（1936）

　　产于云南；泰国也有分布。偶见栽培。较耐寒、耐热，较难养护，广州栽培不易开花，花期8—11月。

　　悬垂灌木，附生于树上；茎粗，幼茎被疏毛。叶肉质，提琴状，基部圆形，中部常缩小，先端钝尖，（6～10）cm×（1～2）cm；叶柄圆柱形，长2～5mm；羽状脉不明显。假伞状花序，伞状突起，有花7～9朵；花序梗多年生，短于5mm；花梗长约1.5cm。花明黄色，花冠反卷，展开直径约1.4cm；副花冠明黄色，具红芯或无，直径约5mm，裂片阔卵形，厚，外角圆（引自商业购买）。

相似球兰比较：缅甸球兰（P133）

桃冠球兰

Hoya persicinicoronaria S. Y. He & P. T. Li（2009）

产于海南，中国特有种。常与崖县球兰混生，种加词意为peach-colored corona，即桃色花冠，故名。未见栽培。耐寒耐热，喜阳。在广州可户外栽培。

大藤本，植株无毛，茎粗可达5～7mm。叶厚肉质，椭圆形，基部圆，先端钝尖，（7～10）cm×（4～5）cm；叶脉不清晰；叶柄圆柱形，长5～20mm。假伞状花序，球形；花序梗多年生，长3.5～7cm；花梗长约1.5cm；萼片卵形，先端圆；花冠平展，黄绿色，密被红斑，表面毛密集；副花冠厚肉质，外角圆。

注：相似种为崖县球兰，唯本种叶大花小，且花常为桃红色。

桃冠球兰

崖县球兰

（黄明忠拍摄于海南）

多脉球兰

Hoya polyneura Hook. f.（1883）

产于云南、西藏；缅甸、印度等也有分布。国外常见栽培。耐寒，较耐热，较易养护，广州可室内栽培。花期5—8月。

灌木，附生于树上，植株无毛。叶近菱形，基部圆形至宽楔形，先端急尖，（8～12）cm×（2.5～6.5）cm；叶面光亮，平行脉密集；柄极短至2～3mm。假伞状花序，多年生，伞状，有花10余朵；花序梗短于5mm；花梗长1.8～2cm；花明黄色或深红色，花冠反卷；副花冠深红色，外角圆（引自商业购买）。

三脉球兰

Hoya pottsii Traill & Tsiang（1936）

产于广东、海南、广西等。国内偶见栽培。较耐寒、耐热，易养护，广州可户外栽培。花期4—10月。花寿命较短，1~2天。

花正面、背面　子房

副花冠正面、背面　蓇葖果

藤本，茎粗糙，幼枝被微毛。叶基出三脉，卵状披针形，基部圆形，先端渐尖或急尖，（7~15）cm×（2.5~6）cm；叶柄圆柱形，长1.5~3cm。假伞状花序，球形，有花30余朵；花序梗多年生，被毛，长3~8cm，花梗被疏毛，长约2cm；萼片阔三角形，短于1.5mm；花白色，花冠完全反卷，冠内毛短而细；副花冠白色，具红芯或无，直径6~8mm；裂片卵形，外角尖。蓇葖果细长，外被细毛（引自海南）。

（韦毅刚提供）

匙叶球兰

Hoya radicalis Tsiang & P. T. Li（1974）

产于海南、广东及广西，中国特有种。未见栽培。

藤本，幼茎被疏毛。叶肉质，匙形或倒卵形，基部楔形，向叶柄渐狭而下延，先端钝尖，（10～21）cm×（3～4）cm；平行脉模糊不清，多达10对以上。叶柄具浅槽，长1～3cm。假伞状花序，球形；花序梗多年生，长约4cm；花梗长2～2.5cm；萼片龙骨状；花白色，被紫红斑；副花冠直径约12mm，裂片厚，外角圆。

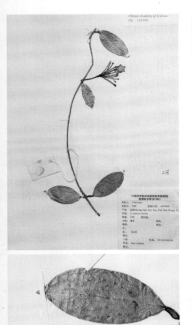

中国科学院西双版纳热带植物园
植物标本馆

菖蒲球兰
Hoya siamica Craib（1911）

产于云南；泰国也有分布。国外稀见栽培，国内未见。

攀缘藤本，植株无毛，茎光亮。叶卵形，羽状脉常在叶面显示出凸痕，叶向基部下延或无，长1～3cm。假伞状花序，伞状突起，有花10朵左右；花序梗多年生，长1～7cm，花梗长20～23mm；花白色或粉色；副花冠直立，具红芯或无，裂片外角圆，内角锐尖。

注：未见活植物。照片为拍摄于西双版纳植物园的标本S. Watthana –2348。

山球兰
Hoya silvatica Tsiang & P. T. Li（1974）

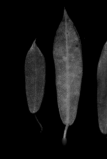

产于云南贡山至西藏南部，中国特有种。分布于海拔2 000～2 400m。未见栽培。

藤本，茎叶光滑无毛。茎纤细，浅褐色，茎粗2～3mm，叶间隔5～15（18）cm。叶薄肉质，倒卵形，基部宽楔形，先端钝尖，（6～14）cm×（2～3.2）cm，叶尖长达5～15mm；叶面光亮，平行脉明显，约4对，在叶面稍突起；叶柄圆柱形，革质，长达2～4.5cm。假伞状花序，花序梗多年生，很短，通常短于1cm。花、果未见（引自云南盈江）。

注：本种有别于其他种的最大特征是叶柄长达2～4.5cm

西藏球兰

Hoya thomsonii Hook. f.（1883）

　　产于西藏；印度、泰国也有分布。国外有零星栽培，国内未见。较耐寒，稍耐热，广州室内栽培表现良好。

　　藤本，常攀附于岩石上，除花梗外植株被密集的长毛。茎纤细。叶肉质，深绿色，白花种的叶明显小于粉花种，基部圆形，先端渐尖或急尖，（3～8）cm×（1.1～3）cm；羽状脉不明显；叶柄圆柱形，长5～12mm；假伞状花序，半球形，花序梗多年生，长1.5～2.5cm；花梗毛稀疏，长14～15mm；花白色或粉色，平展，直径约20mm，冠内毛密集；副花冠白色，直立，裂片外角圆（引自商业购买）。

花正面、背面

副花冠正面、背面、侧面

子房　　花梗被长疏毛

粉花

白花

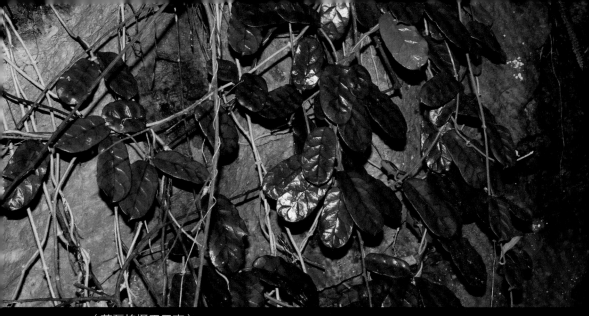

（蔡磊拍摄于云南）

毛球兰

Hoya villosa Cost.（1912）

产于广西、云南、贵州、西藏南部等地。国内外有零星栽培。国内称为"大方叶"，较耐寒、耐热，易养护。

缠绕藤本，全株毛密集，幼枝肉质。茎粗壮；叶长椭圆形至长方形，基部圆形，先端圆或钝尖，叶尖短，（8～10）cm×（4～5）cm；叶面光亮，毛较稀疏；羽状脉明显，约7对；叶柄圆柱形，长25～40cm。假伞状花序，球形，有花约20朵；花序梗多年生，长5～7cm；花梗长约3cm；萼片钝头；花平展，初为白色，后逐渐变黄，冠内毛密集，直径18～20mm；副花冠乳白色，直立；裂片卵形，外角圆（引自西双版纳植物园）。

刚开时，花为白色，后逐渐变黄。图为同一花序间隔3天的花色对比。

花序

叶柄具槽

副花冠正面　　　　　副花冠侧面　　　　　花蕾正面、背面

盈江球兰

Hoya yingjiangensis J. F. Zhang, L. Bai, N. H. Xia & Z. Q. Peng （2015）

　　产于云南盈江，中国特有种。分布海拔约1 800m。未见栽培。耐寒，不耐热，广州栽培无法度夏。

　　悬垂灌木，植株无毛，附生于树上。茎长1.2～1.5m。叶肉质，长卵形，基部楔形，下延，先端钝尖，叶尖长（6～10）cm×（2.1～2.5）cm；羽状脉不清晰，3～4对；叶柄具槽，长（6～8）mm×（1～1.5）mm。假伞状花序，仅有花1朵；花序梗1年生，短至无，花梗长约2cm；萼片龙骨状，钝头，（6～7）mm×（3～4）mm；花淡黄色，钟形，冠内无毛，直径3～3.5cm，高1.6～1.8cm；副花冠米黄色，直立，高约5mm，裂片长椭圆形（引自云南盈江）。

　　注：此种为中国唯一一种单花大钟形花冠球兰，冠径达3～3.5cm。

尾叶球兰

Hoya yuennanensis Hand.– Mazz.（1936）

产于云南、西藏等地，中国特有种。分布海拔 1 800～2 100m。未见栽培。

藤本，植株被毛。叶肉质，椭圆形至长卵形，基部圆形，先端钝尖，具小叶尖，（12～13）cm×（3～4.8）cm；平行脉约6对；叶柄圆柱形，被毛，长25～35mm。假伞状花序，球形，有花10余朵或更多；花序梗多年生，长1～2.5cm；花梗长21～22mm；萼片先端钝头；花白色，冠内毛密集，直径18～20mm；副花冠乳白色，直立，裂片倒卵形，外角圆形（引自云南盈江）。

注：*Flora of China* Vol. 16记录为*H. mekongensis* M. G. Gilbert & P. T. Li，后于2011年被修订。

花的正面、背面　　　　花萼　　　裂片直立

副花冠正面、背面、侧面

国外球兰的副花冠裂片形态多样，概括来说，有单裂片型、双裂片型及特殊裂片型3种类型。乳汁型常见，水汁型少见。

D 单裂片型

副花冠裂片为单裂片。藤本或附生灌木，花较大，冠径通常超过1cm，有些可达3~4cm。

阿拉沟河球兰

Hoya alagensis Kloppenb.（1990）

　　原产于菲律宾中部，以菲律宾民都洛岛的Alag River命名。易养护，广州栽培未见冻害。

　　藤本，无毛。叶较薄，卵状披针形或长卵形，基部圆形，先端渐尖或钝尖，（8～15）cm×（3.5～8）cm；羽状脉3～4对；叶柄具槽，长2～2.5cm。假伞状花序，多年生，球形，直径约10cm，有花40余朵；花序梗长3～6cm；花梗长3.4～3.6cm；花黄色，平展，直径为26mm，冠内被密毛；副花冠乳白色，具红芯，直径约7mm，裂片阔卵形。

相似球兰比较：波特球兰（P134）

花正面　　　　　　　花背面　　　　　　　子房

花

副花冠背面　　　　副花冠正面

风铃球兰
Hoya archboldiana C. Norman（1937）

刚开时花为粉色，后逐渐变白

原产于巴布亚新几内亚，以美国飞行员及探险家R. Archbold名字命名，中文名取意花形似风铃。大花型球兰，观赏价值较高，在广州能顺利过冬。

藤本，植株无毛。心状叶，基部心形，先端渐尖，（7～15）cm×（3～6）cm；平行脉4～6对；叶柄具槽，长15～30mm。假伞状花序，多年生，伞状突起，有花10余朵；花序梗长15～30mm；花梗长约4cm；花冠钟形，桃红色至深红色，冠径约30mm，高11～12mm；副花冠深红色，直径约18mm，裂片线形。

1周后

花正面

花侧面

南方球兰

Hoya australis R. Br. & J. Traill

（1828）

原产于澳大利亚。常见栽培，广州栽培未见冻害。

藤本，植株被毛。叶肉质，卵形，基部心形，先端钝尖，（7～15）cm×（3～6）cm；叶柄具槽，1～2cm。假伞状花序，多年生，近球形，有花10～40朵；花梗长约4cm；花冠近钟形，白色，厚蜡质，中心常被红斑，冠径约15mm；副花冠白色，直径约8mm；裂片厚，卵形，外角圆。

花正面

花背面

副花冠正面

副花冠背面

贝拉球兰

Hoya bella Hook.（1848）

原产于缅甸。喜潮湿环境，较为耐寒。花期4—8月。常见两个栽培种：贝拉外锦和贝拉内锦。

半直立灌木，附生于树上，植株被密毛。叶菱形，肉质，基部急尖，先端渐尖，（10～25）cm×（6～11）mm；叶脉不清晰；叶柄短至2～3mm。假伞状花序，1年生，花序扁平，直径约45mm，有花约7朵；花序梗长5～10mm；花梗长10～20mm；萼片卵状，长2.5～4mm；花白色，直径约16mm；副花冠紫红色，直径约6mm，裂片厚卵形。

贝拉外锦

相似球兰比较：景洪球兰、恩格勒球兰、披针叶球兰（P131）

格尔特球兰
Hoya benguetensis Schltr.（1906）

原产于菲律宾，以菲律宾吕宋岛格尔特省（Benguet）命名。易养护，广州栽培无冻害。

藤本，植株无毛，茎粗糙。叶长卵形，基部宽楔形，先端钝尖，（12～20）cm×（4～5.5）cm；羽状脉明显，2～3对；叶柄圆柱形，长1～3cm。假伞状花序，多年生，球形，有花30余朵；花序梗长约3cm；花梗长28～32mm；花橙色至橙红色，冠内被微毛，直径约18mm；副花冠深红色，内角颜色更深，直径约7mm；裂片厚卵形，外角几等高于内角。

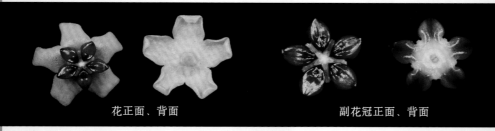

花正面、背面　　　　　　　　副花冠正面、背面

布拉斯球兰

Hoya blashernaezii Kloppenb.（1999）

原产于菲律宾，以标本采集人Blas Hernaez名字命名。易养护，广州栽培无冻害，但花寿命极短，仅1～2天。

藤本，植株无毛，茎粗糙。叶狭卵形，基部宽楔形，先端急尖，（6～15）cm×（2～3）cm；羽状脉2～3对；叶柄圆柱形，长1～2cm。假伞状花序，多年生，球形，有花10～30朵；花序梗长3～8cm；花梗长约3cm；花冠钟形，米黄色，内被微毛，冠径约10mm，高约2.5mm；副花冠乳白色，直立，裂片卵状披针形。

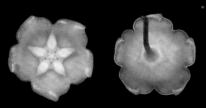

花正面、背面

副花冠正面、背面

红花布拉斯

Hoya blashernaezii subsp. *siariae*
（Kloppenb.）Kloppenb.（2014）

原产于菲律宾。与原亚种的主要区别是此种花橙色至橙红色。

反冠布拉斯

Hoya blashernaezii subsp. *valmayoriana*
Kloppenb., Guevarra & Carandang（2014）

　　原产于菲律宾，以标本采集人Valmayor H.
名字命名。易栽培，易开花，花的寿命可达1
周，观赏性好，广州栽培未见冻害。

　　与原亚种的区别是：此种花冠完全反卷，
花橙色至橙红色，副花冠紫红色。

相似球兰比较：火红球兰（P134）

波特球兰

Hoya buotii Kloppenb.（2002）

菲律宾特有种，以菲律宾植物学家Inocencio E. Buot博士名字命名。易养护，广州栽培未见冻害。

藤本，植株除花序外无毛。叶薄，长卵形，基部宽楔形，先端钝尖，（8～15）cm×（3～4）cm；平行脉约5对；叶柄具槽，长1～2cm。假伞状花序，多年生，球形，有花10～30朵；花序梗被稀疏毛，长1.5～3cm；花梗无毛，长约3cm；萼片先端渐尖，被稀疏毛，具叶缘毛，长2.4～2.5mm；花黄色，平展，表面毛密集，直径24～25mm；副花冠乳白色，直径约11mm；裂片直立，卵形，外角渐尖。

相似球兰比较：阿拉沟河球兰（P134）

缅甸球兰

Hoya burmanica Rolfe（1920）

　　原产于缅甸。较难养护，国外有零星栽培，国内少见。

　　悬垂灌木，附生于树上，植株被毛。叶肉质，卵状披针形，基部圆形，先端渐尖，（4~9）cm×（0.5~1）cm；羽状脉不明显；叶柄短至2~4mm。假伞状花序，多年生，球形，有花10余朵；花序梗长2~5mm；花梗长约1cm；花明黄色，近钟形，冠内被微毛，直径约12mm；副花冠黄色，具红芯，直径约4mm，裂片宽卵形。

相似球兰比较：琴叶球兰（P133）

子房

花正面、背面　　　　　　副花冠正面、背面

钟花球兰

Hoya campanulata Bl.（1827）

　　原产于马来半岛、苏门答腊岛、爪哇岛、婆罗洲等。易养护，广州栽培未见冻害。

　　半直立灌木，植株无毛，茎粗糙。叶卵形，基部圆，先端锐尖，（10～15）cm×（4～6）cm；羽状脉约4对；叶柄具槽，长5～15mm。假伞状花序，多年生，伞状突起，有花15～20朵；花序梗长5～20mm；花梗长约3cm；花冠乳白色，钟形，冠径16～18mm，高11～12mm；副花冠乳白色，直径约9mm；裂片披针形，外角圆，直立。

钟形花冠　　花萼

花冠正面　　　花冠背面

副花冠正面　　　副花冠背面

樟叶球兰

Hoya camphorifolia Warb.（1904）

原产于菲律宾。花小巧雅致，易养护，广州栽培未见冻害。

藤本，植株几无毛。樟形叶，薄肉质，狭卵形至卵形，基部楔形，先端钝尖，（7～12）cm×（2.2～4.2）cm；叶柄圆柱形，长1～2cm。假伞状花序，多年生，近球形，有花30余朵，花序梗长3～5cm，花梗长1.2～1.5cm；花红色，近钟形，冠内被微毛，直径约8mm；副花冠密被红斑；裂片卵形，直立。

变态叶

蚁穴球兰

Hoya darwinii Loher（1910）

　　菲律宾特有种。以英国著名生物学家 Charles R. Darwin名字命名。具二态叶，变态叶厚肉质，弯曲成半圆形，对生合拢，形似贝壳，为蚂蚁构建一天然洞穴，同时，蚂蚁生活所遗留下的废渣又为蚁穴球兰提供优质有机肥，为典型的蚁穴植物。

　　藤本，植株无毛。正常叶长卵形，基部楔形，先端钝尖，（7～12）cm×（2.5～4.5）cm；羽状脉5～6对；叶柄圆柱形，长1～2cm；变态叶为一对贝壳状的肉质叶。假伞状花序，多年生，球形，有花10～20朵；花序梗粗壮，长10～30mm；花梗粗，长18～35mm；花白色至粉色，冠内被细毛，完全反卷，展开直径为22～24mm；副花冠白色，直径约11mm；裂片直立，外角尖。

密叶球兰

Hoya densifolia Turcz.（1848）

原产于菲律宾。较喜阳，广州栽培未见冻害。

半直立藤本，植株被毛。叶卵形，抱茎，基部心形，先端钝尖，（4～6）cm×（2～2.5）cm；羽状脉密集，约8对；叶柄短至2～3mm。假伞状花序，1年生，半球形，有花9～13朵；花序梗长2～3cm，花梗长2.5～3cm；花黄色，冠内被微毛，完全反卷，展开直径为1.7～1.8cm；副花冠白色，稍透明，密被红斑；裂片卵状，外角锐尖。

花冠反卷，内表面光滑

花萼　　　副花冠正面

副花冠背面　　　副花冠侧面　　　花粉块

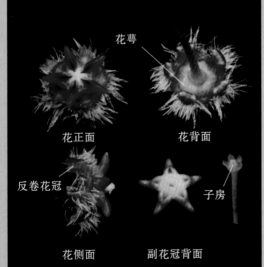

花萼

花正面　　　　花背面

反卷花冠　　　　　　　子房

花侧面　　　副花冠背面

埃尔默球兰

Hoya elmeri Merr. （1929）

　　原产于沙巴和吕宋岛，以美国植物学家A. D. E. Elmer名字命名。易与民都洛球兰*H. mindorensis*混淆，后者花粉块无透明边缘。

　　藤本，植株无毛。叶厚肉质，卵形或倒卵状披针形，基部楔形，先端钝尖，（6～11）cm×（2.2～4）cm；叶脉不明显；叶柄圆柱形，长2～3cm。假伞状花序，多年生，球形，有花50余朵或更多；花序梗长1～3cm；花梗长约2cm；花桃红色至深红色，花冠完全反卷，裂片被长粗毛，展开直径约14mm；副花冠明黄色至深红色，直径约9mm，裂片表面极窄。

相似球兰比较：红冠球兰（P135）

恩格勒球兰

Hoya engleriana Hosseus（1907）

　　原产于泰国，以德国著名植物学家A. Eengler名字命名。较易养护，广州栽培未见冻害。

　　悬垂灌木，植株被毛。叶对生或三叶轮生，狭卵形，基部圆，先端钝尖，（15～22）mm×（4～8）mm；叶脉不清晰，叶缘稍反卷；叶柄长2～3mm。假伞状花序，1年生，扁平或稍凹；花序梗长约5mm；花梗长1～1.5cm；萼片线形，钝头，长2.5～3mm；花白色，冠内被毛，直径14～15mm；副花冠较透明，紫红色，直径约6mm，裂片厚，卵形，外角尖。

相似球兰比较：景洪球兰、贝拉球兰、披针叶球兰（P131）

花正面、背面　　　　　　　　　副花冠正面、背面

红叶球兰

Hoya erythrina Rintz（1978）

　　原产于马来半岛。叶通常为红色，观赏性好。

　　藤本，植株无毛，茎粗糙。叶长卵形，基出三脉，基部宽楔形，先端钝尖或锐尖，（10~16）cm×（3~5）cm；叶柄圆柱形，长1~2cm。假伞状花序，多年生，伞状突起，有花10余朵；花序梗长1~4cm；花楔形梗长约1.5cm；花黄色，深裂，表面被长毛，展开直径约14mm；副花冠黄色，直径约6mm，裂片外角锐尖，几等高于内角。

花正面

花背面

副花冠正面

副花冠背面

红冠球兰

Hoya erythrostemma Kerr（1939）

原产于泰国南部、马来群岛。

藤本，植株无毛。叶肉质，卵形，基部楔形，先端钝尖，（6~12）cm×（2~4.2）cm；叶脉白色，明显；叶柄圆柱形，长2~3cm。假伞状花序，多年生，球形，有花50余朵或更多；花序梗长1~3cm；花梗长约2cm；花黄色至深红色，花冠完全反卷，表面被毛，展开直径约14mm；副花冠明黄色至深红色，裂片表面极窄，约为长的1/3。

相似球兰比较：埃尔默球兰（P135）

花正面　　花背面

副花冠正面　　副花冠背面

火红球兰

Hoya ilagiorum Kloppenb., Siar & Cajano （2011）

菲律宾特有种，以菲律宾Stockholm大学Leopold Ilag博士名字命名。英文称为ilagii hoya，意指其花冠火红艳丽，故名。

藤本，除叶与花序外被细毛。叶长卵形，基部宽楔形，先端急尖或渐尖，（8~18）cm×（1.5~4）cm；平行脉约4对；叶柄圆柱形，长1~2cm。假伞状花序，多年生，近球形，有花30余朵；花序梗长约5cm，花梗长18~20mm；花红色，花冠完全反卷，展开直径约12mm；副花冠淡紫色，表面被微毛，直径约7mm；裂片卵状披针形，直立，外角尖。

相似球兰比较：反冠布拉斯（P134）

花正面　　　　花背面

花　　　副花冠正面　　　副花冠背面

厚冠球兰

Hoya incrassata Warb.（1904）

原产于菲律宾。国内外常见栽培，易养护，广州栽培未见冻害。有日蚀（*H. incrassata* 'Eclipse'）和月影（*H. incrassata* 'Moon Snadow'）2个常见栽培种。

月影：叶片中间具白色或淡黄色斑纹

大藤本，茎粗壮，除花梗外被细毛。叶卵形或倒卵形，基部宽楔形至楔形，先端钝尖，尾尖长，（6～20）cm×（3～6.8）cm；羽状脉3～4对；叶柄圆柱形，长20～35mm。假伞状花序，多年生，球形，有花超过50朵；花序梗长2～4cm；花梗长1.8～2cm；萼片小，短至1mm；花淡黄色，裂片先端常被红斑，花冠完全反卷，直径约7mm，高约7mm；副花冠扁平，白色，裂片卵形。

花冠完全反卷

子房

日蚀：叶缘为白色或淡黄色

薄球兰

Hoya ischnopus Schltr.（1913）

　　原产于新几内亚岛。种加词意指其叶片较薄，为与中国球兰薄叶球兰相区别，故名。

　　藤本，几无毛；茎粗糙，易生不定根。叶较薄，卵形，基部心形，先端钝尖或锐尖，尾尖长，（7～16）cm×（2～4）cm；羽状脉6～8对；叶柄圆柱形，长1～2cm。假伞状花序，多年生，伞状突起，有花10余朵；花序梗长5～8cm；花梗长约2cm；花黄色，近钟形，冠内被密毛，直径约15mm；副花冠黄色，直径约5mm，裂片卵形，外角锐尖，略高于内角。

花正面　　　　　　花背面

副花冠正面　　　　副花冠背面

印南球兰

Hoya kanyakumariana A. N. Henry & Swamin.
（1978）

原产于印度，以印度南部泰米尔纳德邦（Tamil Nadu）的Kanniyakumari命名。

小藤本，除叶、花梗外被密毛。叶肉质，倒卵形，基部楔形，顶端圆，具小尾尖，（1.5～3.5）cm×（1～1.5）cm；叶缘凹凸不平，具缘毛；叶柄短至1～3mm。假伞状花序，多年生，半球形，有花10～20朵；花序梗长5～30mm；花梗长约12mm；花白色，冠内被密毛，直径约10mm；副花冠白色，较透明，具红芯，直径约5.5mm；裂片卵状披针形。

萼片

花正面　　　　花背面

副花冠正面　　　　副花冠背面

凹叶球兰
Hoya kerrii Craib（1911）

原产于泰国、老挝及柬埔寨等，以英国植物学家A. F. G. Kerr名字命名。国内外常见栽培，国内称为"心叶"。有内锦（*H. kerrii* 'Variegata'）和外锦（*H. kerrii* 'Albo-marginate'）2个常见栽培种。

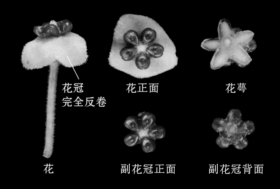

花冠
完全反卷

花正面

花萼

花

副花冠正面

副花冠背面

大藤本，植株被毛，茎粗壮。叶肉质，倒心形，基部楔形，先端凹缺，（8～15）cm×（5.5～8.5）cm；叶脉不清晰；叶柄圆柱形，长1～2cm。假伞状花序，多年生，伞状突起，有花10余朵；花序梗长3～5cm；花梗长11～16mm；花桃红色，花冠完全反卷，冠内被密毛，展开直径约13mm；副花冠锈红色，直径约5mm，裂片倒卵形，厚，外角圆，几等高于内角。

外锦：叶边缘有淡黄色至黄色斑纹

内锦：又名"金心"，叶心有黄色斑纹

1年生花序，未有宿存痕迹

披针叶球兰

Hoya lanceolata Wall. & D. Don（1825）

原产于尼泊尔。国内称为"亚贝球兰"，因长期被作为贝拉球兰的亚种而得名。

附生藤本，枝条下垂，植株被毛。叶肉质，矛尖形，基部急尖，先端渐尖，（20～30）mm×（9～13）mm；叶被毛，老时脱落，具叶缘毛；叶柄短于5mm。假伞状花序，1年生，花序扁平，有花约7朵；花序梗长10～15cm；花梗长10～20mm；萼片线形，长约3mm；花白色，平展，表面被毛，浅裂，直径约17mm；副花冠直径约6mm，裂片淡紫色，线形，直径约4mm；外角略低于内角，外角锐尖。

相似球兰比较：景洪球兰、贝拉球兰、恩格勒球兰（P131）

叶正面

叶背面

棉叶球兰

Hoya lasiantha Korth. & Bl.（1857）

原产于婆罗洲。易养护，广州栽培未见冻害，花期4—11月。

半直立灌木，植株无毛，茎粗壮。叶薄肉质，阔卵形，基部圆形，先端钝尖，（10～16）cm×（6～10）cm；平行脉4～5对；叶柄圆柱形，长20～30mm。假伞状花序，多年生，伞状突起，有花10余朵；花序梗长6～9cm；花梗长约4cm；萼片龙骨状，钝头，4mm×3mm；花橘黄色，花冠完全反卷，除裂片顶端外密被白色长毛，直径约10mm，高约7mm；合蕊冠高约6mm；副花冠米黄色，裂片直立，表面极窄。

相似球兰比较：猴王球兰（P135）

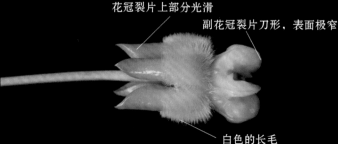

花冠裂片上部分光滑

副花冠裂片刀形，表面极窄

白色的长毛

罗比球兰

Hoya lobbii Hook. f.（1883）

　　原产于印度，以英国植物学家Thomas Lobb名字命名。易养护，较耐寒、耐阴，广州栽培常年开花。

　　半直立灌木，植株无毛。叶卵形，基部楔形，先端钝尖，（8～15）cm×（2～5.2）cm；羽状脉8～10对；叶柄短至2～4mm。假伞状花序，多年生，伞状突起，有花10余朵；花序梗长1～2cm；花梗长30～32mm；花桃红色至深红色，花冠反卷，展开直径约2cm；副花冠深红色，直径约9mm；裂片卵形，厚约3mm，外角钝尖，几等高于内角。

裂片厚，外角与内角几等高　　中筋明显隆起

深红色种　　粉色种

洛克球兰
Hoya lockii V. T. Pham & Aver.（2012）

原产于越南，以越南著名的植物学家Phanke Loc. 名字命名。易养护，较为耐寒，常年开花。

半直立灌木，附生于树上，植株被毛。叶狭卵形，较薄，基部楔形，先端钝尖，具长尾尖，（10～15）cm×（3～5）cm；叶两面除中脉有疏微毛外无毛；平行脉约8对；叶柄具槽，长10～20mm。假伞状花序，多年生，近球形，有花15～30朵；花序梗长3～4cm，花梗长3.5～4cm；花蕾锥形，五角突出；萼片线形，长达5mm；花白色，冠内被微毛，花冠完全反卷；副花冠白色，裂片厚，表面极窄。

相似球兰比较：蜂出巢（P133）

| 花萼与子房 | 花侧面 | 花背面 | 副花冠侧面 |

卡德纳斯球兰

Hoya lucardenasiana Kloppenb., Siar & Cajano（2009）

原产于菲律宾，以菲律宾植物学家Lourdes B. Cardenas名字命名。国内外常见栽培。

藤本，植株除叶和花梗外被细毛。叶面光亮，卵形，基部圆形或宽楔形，先端钝尖，（5~9）cm×（3~5）cm；叶面突起，羽状脉不清晰；叶柄圆柱形，长1~3cm。假伞状花序，多年生，近球形，有花19~30朵；花序梗长2~3cm，花梗长1.4~1.8cm；花深红色，较薄，冠内被微毛，花冠完全反卷，直径6~7mm；副花冠深红色，直径约5mm，裂片卵形，厚，外角圆，略低于内角。

裂片厚，外角稍低于内角

花冠完全反卷，质地薄

纸巾球兰

Hoya mappigera Rodda & Simonsson（2012）

　　原产于马来西亚及泰国。种加词意指其花快谢时，像一悬挂的纸巾，故名。常年有花，广州栽培未见冻害。

　　藤本，植株无毛。叶薄、卵形、基部楔形，先端渐尖或急尖，（6～10）cm×（2～3.2）cm；叶表面不平，平行脉8～10对；叶柄具槽，长10～15mm。假伞状花序，多年生，仅有花1朵；花序梗长1～3cm；花梗纤细，长2.5～5cm；花黄色，钟形，冠径4～5cm，高2cm；副花冠黄色，直立，具红芯，直径约8mm，高7mm，裂片外角圆，内角高达5mm。

一个花序只着生1朵花

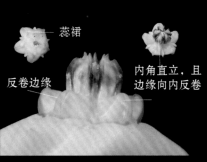

蕊裙

反卷边缘

内角直立，且边缘向内反卷

后纟

正开花的

钱叶球兰

Hoya nummularioides Costantin（1912）

　　原产于泰国和老挝等。较易养护，广州栽培无冻害。

　　藤本，植株具软毛，茎多不定根。叶肉质，叶形多变，卵形至长卵形，基部楔形或下延，先端锐尖至钝尖，（2.5～4）cm×（1.5～2.4）cm；叶脉不清晰；叶柄圆柱形，长1～10mm。假伞状花序，多年生，伞状突起，有花20余朵；花序梗长2.5～5cm；花梗长6～15mm；花白色，平展，冠内被密毛，直径约8mm；副花冠白色，较透明，具红芯，直径约4mm，裂片卵状披针形。

花冠平展

花正面

花背面

副花冠正面

副花冠背面

倒卵叶球兰

Hoya obovata Decne.（1844）

尾尖常反卷至叶背

某些情况下，叶面会出现大块白色斑纹

　　原产于印度尼西亚。国内外常见栽培，叶形奇特，为优良的观叶球兰。

　　大藤本，植株被毛。叶形似凹叶球兰，但本种先端不凹缺，尾尖常反卷。叶柄圆柱形，长1.5～3cm。假伞状花序，多年生，球形，有花10～30朵；花序梗长3～6cm；花梗长约30mm；萼片卵形，钝头；花色白中带粉，花冠稍反卷，展开直径15mm；副花冠乳白色，具红芯，直径约7mm，裂片船形。

花正面 副花冠背面

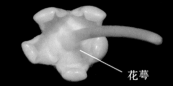

花萼

粗蔓球兰

Hoya pachyclada Kerr（1939）

原产于泰国。种加词意指其茎粗。国内外常见栽培，叶形奇特，为优良观叶球兰。

大藤本，植株被细毛，茎粗。叶厚肉质，倒卵形，基部楔形，顶端圆尖，（6～10）cm×（4～6）cm；基出三脉；叶柄圆柱形，长1～2cm。假伞状花序，多年生，伞状突起，有花20余朵；花序梗长4～6cm；花梗长3～3.5cm；花白色，冠内被微毛，花冠完全反卷，展开直径约2cm；副花冠白色，扁平，具红芯或无，直径约9mm，裂片卵形，厚。

掌状叶脉

碗花球兰

Hoya patella Schltr.（1913）

原产于新几内亚岛。在广州栽培，1℃以下低温有冻害，严重时可死亡。若遇暖冬，花期从4月可持续到12月。

藤本，植株被密毛，茎较纤细。叶肉质，深绿色，卵形或卵状披针形，基部心形，稍有耳，先端急尖，长（5～8）cm×（2～3）cm；叶脉不清晰；叶柄圆柱形，长5～10mm。假伞状花序，多年生，只着花1朵；花序梗长5～25mm；花梗长约3cm；花紫色，碗状，冠径3～3.5cm，高2～2.5cm；副花冠深红色，直径约10mm，裂片狭卵形。

宿存痕迹

一个花序只着生1朵花

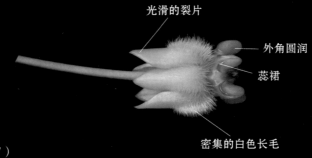

光滑的裂片

外角圆润

蕊裙

密集的白色长毛

猴王球兰

Hoya praetorii Miq.（1857）

原产于苏门答腊岛。因其花冠形似美猴王的皇冠，故名。

灌木，植株无毛，茎下垂，茎粗5~7mm。叶薄，卵形，基部楔形，先端钝尖，（9~16）cm×（6~2.5）cm；平行脉，约4对；叶柄具槽，长1~2cm。假伞状花序，多年生，伞状突起，有花20余朵；萼片长卵形，4mm×2mm；花橘黄色，花冠完全反卷，除裂片顶端外密被白色长毛，直径约9mm；副花冠表面被紫红斑，裂片直立，卵形，外角表面较为圆润，齿与裂片呈钝角。

相似球兰比较：棉叶球兰（P135）

毛萼球兰

Hoya pubicalyx Merr.（1918）

　　原产于菲律宾、马来半岛。国内称为"银粉"，易养护，较为耐寒，广州栽培无冻害。

　　国内外栽培的银粉系列，为不同来源的生态型，而非栽培种，这些生态型从植株及花的表型特征看，差异显著。共同特征是：藤本，植株无毛，汁液不含乳汁；叶肉质，卵形，叶面粗糙或光亮；叶柄圆柱形，长1~2cm。假伞状花序，多年生，球形，有花30余朵。不同生态型的花大小不一，深红色至红黑色，内表面被毛；副花冠扁平，具红芯，外角锐尖。

野生来源，引自印度尼西亚沙巴神山　　　　红巴顿（Red Button）

银粉（Silver Pink）　　　　醒目一号（Bnghtr One）

紫花球兰

Hoya purpureofusca Hook.（1850）

原产于爪哇岛。较易栽培，花寿命极短，仅1~2天。

大藤本，植株无毛。叶基出三脉，较薄，常扭曲，卵形，基部心形，先端钝尖，（12~19）cm×（4.5~7.5）cm；叶柄圆柱形，长2~3cm。假伞状花序，多年生，近球形，有花20余朵；花序梗长3~7cm；花梗长约2cm；花紫色，花冠完全反卷，直径约15mm；副花冠深红色，直径约9mm，裂片卵形，外角锐尖，略高于内角，齿极短。

断叶球兰

Hoya retusa Dalzell.（1852）

原产于印度。较耐寒，叶形奇特，观赏性好。

藤本，除花梗外被毛。叶常1～3对簇生，线形，基部楔形，下延，先端具凹缺，（5～10）cm×（0.2～0.3）cm；叶面毛较稀疏，具缘毛；叶脉不清晰；叶柄短至1～3mm。假伞状花序，多年生，有花1～2朵；花序梗短至1～15mm；花梗长约2cm；花白色，近钟形，冠内被毛，直径16～18mm；副花冠深红色，直径约5mm，裂片船形，直立，外角圆。

花序梗极短

后续开花的花蕾

1个花序只着生1朵花

船形裂片

近钟形花冠

花正面

花萼

花背面

花侧面

硬叶球兰萼片线形，长达5～6mm

反卷花冠

花冠背面

花冠正面

三脉球兰萼片
阔三角形，长
1～1.5mm

硬叶球兰

Hoya rigida Kerr（1939）

　　原产于泰国。种加词意指其叶质地较硬，故名。易养护，较耐晒。

　　叶厚肉质，长卵形，基出三脉，基部圆形，先端渐尖；花冠完全反卷；副花冠裂片外角锐尖，内角圆形，齿极短。本种极易与三脉球兰、寄生球兰等混淆。唯本种萼片线形，长达5～6mm，并延伸至花冠的弯缺处，故极易鉴别。

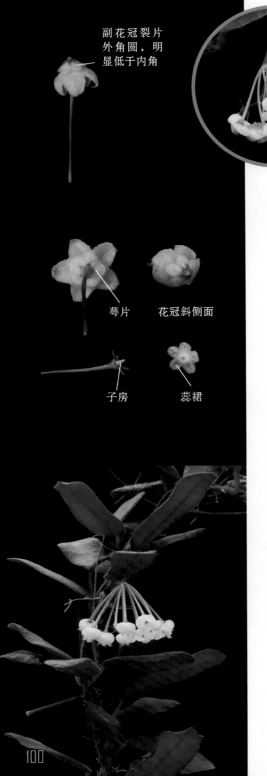

副花冠裂片外角圆，明显低于内角

萼片　　花冠斜侧面

子房　　蕊裙

方叶球兰

Hoya rotundiflora M. Rodda & N. Simonsson

（2011）

　　原产于缅甸。种加词意指其叶近方形，国内称为"小方叶"。叶形奇特，观赏价值较高，较易养护。

　　小藤本，茎纤细，除花梗外均被密毛。叶方形或倒提琴形，基部圆形，先端钝圆，具短尾尖，（3～6）cm×2cm；叶深绿色，表面凹凸不平；叶柄圆柱形，长1～2cm。假伞状花序，多年生，半球形，有花6～9朵；花序梗长3～5cm；花梗长约2cm；花白色，花冠完全反卷，直径约1.5cm，冠内密被毛；副花冠乳白色，直径约7mm；裂片倒卵形，外角圆，明显低于内角。

斯科尔泰基尼球兰
Hoya scortechinii King & Gamble（1908）

原产于马来半岛。以标本采集人意大利神父及博物学家B. Scortechini名字命名。较易养护，广州栽培未见冻害。

藤本，植株被细毛，茎粗糙。叶长卵形，基部心形，先端急尖，（8~13）cm×（3~4.5）cm；叶脉不清晰；叶柄粗壮，圆柱形，长5~10mm。假伞状花序，多年生，伞状突起，有花10余朵；花序梗长5~13mm；花梗长14~15mm；花蕾圆形；花白色或粉色，花冠完全反卷，冠内被细毛；副花冠乳白色，有或无红芯，直径约8mm，裂片直立，表面狭卵形，外角锐尖。

副花冠直立

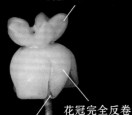

花冠完全反卷 　花正面 　花背面 　子房 　副花冠背面

裂片边缘反卷

匍匐球兰
Hoya serpens Hook. f.（1883）

原产于印度北部。种加词意指其习性，茎匍匐于树上。较难养护，耐寒，在广州夏季生长不良。有2个与*H. carnosa*的杂交选育而得的杂交种：曲克（*H.* 'Chouke'）和玛蒂尔德（*H.* 'Mathilde'）。

萼片

近钟形花冠

花正面

花背面

膨大的蕊裙

直立的副花冠裂片

扁平的表面

副花冠背面

副花冠侧面

花蕾侧面

藤本，植株被毛，茎匍匐于树上。叶节较短，长1～4cm；叶椭圆形至近圆形，基部圆，先端钝尖，（12～16）mm×（7～15）mm；叶柄圆柱形，长3～6mm。假伞状花序，多年生，伞状突起，有花10余朵；花序梗长5～20mm；花梗长约2cm；花淡绿色，近钟形，冠内被密毛，直径16～18mm；副花冠白色，具红芯，直径7～8mm，裂片船形。

曲克：叶卵形，基部圆形，先端钝尖

马蒂尔德：叶近圆形或阔卵形

菜豆球兰

Hoya shepherdii Short & Hook.（1861）

原产于印度北部。英文称为 "String Bean Hoya"，意指其叶形如菜豆，故名。较为耐寒，喜阳。有1个与*H. carnosa*的杂交选育而得的杂交种：迷你贝儿（*H.* 'Minibelle'）。

藤本，几无毛。叶肉质，线形，基部宽楔形，先端急尖，（9～18）cm×（1～1.2）cm，叶深绿色，叶脉不明显；叶柄圆柱形，长约1cm。假伞状花序，多年生，伞状突起，有花10余朵；花序梗极短，通常不超

花正面　　　　　　花背面

萼片

直立的副花冠

蕊裙较宽广

副花冠背面　　　　花冠斜侧面

过1cm；花梗长约1.5cm；花白色，近钟形，冠内被密毛，直径约15mm；副花冠白色，具红芯，直径约4mm，裂片阔卵形，直立，外角圆。

相似球兰比较：薄叶球兰（P132）

迷你贝尔：叶狭卵形，基部圆形，先端急尖，尾尖长

索里嘎姆球兰

Hoya soligamiana Kloppenb., Siar & Cajano（2009）

　　原产于菲律宾，以菲律宾植物学家 A. C. Soligam–Hadsall名字命名。易养护，广州栽培未见冻害。叶常为红色，观赏性强。

　　藤本，植株无毛。叶长卵形，基部宽楔形，先端渐尖，（10～16）cm×（3～4.5）cm；羽状脉2～3对；叶柄圆柱形，长1～2cm；假伞状花序，多年生，有花10余朵；花序梗长约5cm；花梗长25～28mm；花黄色至橙红色，花冠完全反卷；副花冠紫红色，扁平，直径7～8mm，明显高于柱头，裂片卵形。

花正面　　　　　　　花背面

花粉

副花冠正面　　　　　副花冠背面

略毛球兰
Hoya subcalva Burkill（1901）

　　原产于所罗门岛。种加词意指其花冠内表面被稀毛。较易栽培，喜较为荫蔽环境。

　　藤本，植株无毛。叶片较薄，长卵形，基部心形，（10～18）cm×（2～5）cm；叶面光亮，网状脉明显；叶柄具槽，长10～25mm；假伞状花序，多年生，伞状突起，有花10～20朵；花近钟形，酒红色，冠内被稀毛，直径约20cm；副花冠白色，具红芯，裂片船形，中凹，外角锐尖，高于内角。

花梗　　花萼　　子房　　花正面　　花背面　　副花冠侧面　　副花冠背面

钩状球兰
Hoya uncinata Teijsm. & Binn.（1863）

　　原产于马来半岛。种加词意指其副花冠外角顶端延伸并急狭，反卷而形成一弯钩而得名。广州栽培未见冻害，较易养护。

藤本，植株无毛，茎及叶面粗糙。叶长卵形，基部楔形，先端钝尖，（8~15）cm×（2~3）cm；叶脉不清晰；叶柄圆柱形，长1.5~3cm。假伞状花序，多年生，近球形，有花20余朵；花序梗长2~5cm，花梗长约2.5cm；花冠浅桃红色，深裂，展开直径16~17cm；副花冠乳白色，具红芯，裂片直立，形如弯刀，表面极狭窄，外角角尖急狭延长并反卷，形成一弯钩。

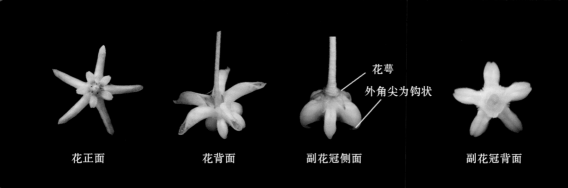

花正面　　　　　花背面　　　　　副花冠侧面　　　　　副花冠背面

花萼

外角尖为钩状

S 双裂片型

　　小型或中型攀附藤本。乳汁白色，稀为黄色；花序梗多年生；花通常较小，冠内被密毛，冠径通常为3～6mm，花冠完全反卷，稀为钟形或坛状花冠。合蕊冠较高，外角低于内角。

　　副花冠裂片为双裂片，即外角边缘在底部发生2次反卷，底部裂片2裂，伸出或不伸出。

大卫球兰
Hoya davidcummingii Kloppenb.（1995）

　　原产于菲律宾，种加词以标本采集人David Cummin名字命名。钟形花冠，花较大，花期3—11月。

　　小型藤本，植株除叶外被细毛。茎硬，长约1m。叶倒卵形，基部楔形，先端急尖，尾尖短，（45～80）mm×（15～20）mm；叶面光亮，叶脉不清晰，叶缘具毛；叶柄圆柱形，长10～20mm。假伞状花序，多年生，半球形，着花10～20朵；花序梗长15～20mm；花梗长10～11mm；钟形花冠，淡红色至紫红色，直径约14mm；副花冠黄色，具红芯，直径约6mm，双裂片。

花枝

圆锥形花蕾

花侧面

钟形花冠

双裂片

花正面、背面

副花冠正面、背面

盐境球兰
Hoya halophila Schltr.（1913）

原产于巴布亚新几内亚的Ramu Delta。易养护，广州栽培未见冻害。

中型藤本，除叶、花梗外被细毛。叶肉质，长卵形，基部楔形至圆形，先端急尖，（30～60）mm×（15～25）mm，叶面光亮，叶脉不清晰，具叶缘毛；叶柄圆柱形，长5～10mm。假伞状花序，多年生，伞

副花冠背面

花正面

双裂片

花侧面

子房

状稍凹，着花约20朵；花序梗长8～10cm；花梗长10～20mm；花深红色，花冠完全反卷，直径约6mm，高约8mm；副花冠双裂片，密被红色斑，直径约5mm。

希凯尔球兰

Hoya heuschkeliana Kloppenb.（1989）

原产于菲律宾，种加词以标本采集人Dexter Heuschkel名字命名。易养护，几乎全年有花，广州栽培未见冻害。

小型藤本，茎较柔软。叶肉质，卵形，基部急尖，先端钝尖，（20～35）mm×（5～12）mm；叶面光亮，叶脉不清晰；叶柄圆柱形，长约10mm。假伞状花序，多年生，球形，着花5～9朵；花序梗长2～3cm，花梗长约2cm；花冠呈坛状，粉红色至深红色；副花冠黄色，双裂片，具红芯。

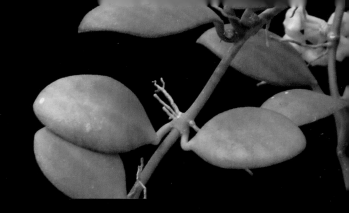

黄花希凯尔

Hoya heuschkeliana subsp. *cajanoae*

Kloppenb. & Siar（2007）

　　原产于菲律宾，种加词以标本采集人 M. A. Cajano名字命名。

　　与原变种区别是：本种花黄色，较大；副花冠无红芯，下裂片稍长。

　　希凯尔与黄花希凯尔的区别如下图：

希凯尔

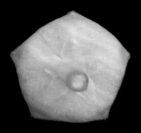

黄花希凯尔

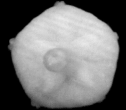

花正面　　　　　　　　花背面　　　　　　　副花冠正面

肯蒂球兰

Hoya kentiana C. M. Burton（1991）

原产于菲律宾，种加词以英国球兰爱好者D. Kent名字命名。易养护，广州栽培未见冻害。

藤本，植株被细毛，茎硬。叶肉质，狭卵形，基部楔形，常下延，先端渐尖，（50～120）mm×（8～12）mm；叶脉不清晰；叶柄圆柱形，长20～40mm。假伞状花序，多年生，伞状扁平，着花10～20朵；花序梗长2～5cm；花梗长2.5～6mm；花深红色，花冠完全反卷，直径约6mm，高约5mm；副花冠双裂片，具红芯，直径约5mm。

花正面、侧面

莱特球兰

Hoya leytensis Elmer & C. M. Burton （1988）

原产于菲律宾，以菲律宾 Leyte省省名命名。易养护，几乎全年有花，广州栽培未见冻害。

小藤本，植株除花梗外被细毛。叶肉质，叶形多变，卵形、长卵形、倒卵形等，基部急尖，先端渐尖或急尖，（20~35）mm×（5~15）mm；叶脉不明显；叶柄圆柱形，短于10mm；假伞状花序，多年生，伞状扁平，直径约2cm；花序梗长3~8cm，花梗长0.3~1cm；花酒红色，极小，花冠完全反卷，直径约3mm；副花冠酒红色，双裂片。

罗尔球兰
Hoya loheri Kloppenb.（1991）

原产于菲律宾，种加词以标本采集人A. Loher名字命名。易养护，花期5—8月，广州栽培无冻害。

小藤本，植株被毛。叶狭卵形，基部楔形，先端急尖；叶面光亮，叶缘反卷；叶柄圆柱形，长10～25mm；假伞状花序，多年生，伞状突起，着花10～20朵；花序梗长3～12cm，花梗长10～30mm，花橙红色，花冠完全反卷，冠径约7mm，高约5mm；副花冠橙红色，双裂片，直径约6mm，高约3mm。

花正面　　　　　花背面　　　　　花侧面

马尼拉球兰

Hoya memoria Kloppenb.（2004）

　　原产于菲律宾，以标本采集地马尼拉纪念公园命名。易养护，花期较长，广州栽培未见冻害。

　　小藤本，植株被毛。叶肉质，卵状披针形，基部楔形，先端钝尖，（5～7）cm×（1.5～2）cm，叶面光亮，常被白色斑点，叶脉不清晰；叶柄圆柱形，短于1cm。假伞状花序，多年生，伞状扁平，着花近30朵；花序梗长2～4cm；花梗长0.5～2cm；花深红色，花冠完全反卷，冠径约6mm，高7～8mm；副花冠明黄色，双裂片，具红芯，直径约5mm。

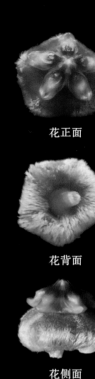

花正面

花背面

花侧面

豆瓣球兰

Hoya pallilimba Kleijn & Donkelaar （2001）

原产于印度尼西亚。易养护，不易开花，广州栽培未见冻害。

小藤本，植株被细毛。叶阔卵形，表面突起，基部宽楔形，先端急尖，（5~6）cm×（3.5~4）cm；叶脉不清晰；叶柄圆柱形，短于10mm。假伞状花序，多年生，伞状扁平；花序梗长3~8cm，花梗外围长于内；花淡紫色，质地较薄，花冠完全反卷；副花冠米黄色，双裂片。

花正面、侧面

副花冠正面、背面

皱褶球兰

Hoya plicata King & Gamble（1908）

原产于马来半岛。易养护，广州栽培未见冻害。

中型藤本，植株无毛，茎粗壮。叶肉质，长卵形，基部楔形，先端渐尖或钝尖，（5~10）cm×（3~4）cm；叶脉不清晰；叶柄具槽，长5~20mm。假伞状花序，多年生，伞状扁平或稍突起，着花20~30朵；花序梗长4~10cm，花梗长8~30mm；花桃红色，花冠完全反卷，直径约7mm，高7~8mm；副花冠米黄色，双裂片，密被红色斑。

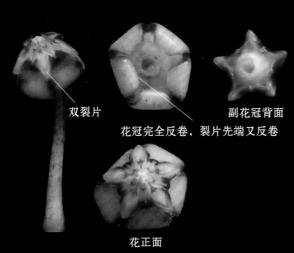

双裂片

副花冠背面

花冠完全反卷，裂片先端又反卷

花正面

柔毛球兰

Hoya pubera Bl.（1827）

　　原产于印度尼西亚。种加词意指其植株被柔毛。易养护，广州栽培稍有冻害。

　　小藤本，植株被柔毛。叶肉质，叶形多变，卵形、卵状披针形等，基部急尖至近截平，先端渐尖或急尖，（15～25）mm×（6～12）mm；叶脉不清晰；叶柄圆柱形，短于5mm。假伞状花序，多年生，伞状突起，着花10余朵；花序梗长5～10cm；花梗长4～8mm；花黄色，花冠完全反卷，冠径约3mm，高约4mm；副花冠明黄色，双裂片，具红芯，直径约2.5mm。

瓦依特球兰

Hoya wayetii Kloppenb.（1993）

叶缘增厚

　　原产于菲律宾。种加词以标本采集人M.
Wayet名字命名。易养护，广州栽培未见冻害。
有1个与*H. sp. aff.* DS-70杂交选育而得的杂交种：
喜来登（*Hoya* 'Losita'）。

　　中型藤本，植株被细毛。叶肉质，狭卵形，
基部楔形，常下延，先端钝尖，（60～90）mm×
（10～15）mm；叶面光亮，具缘毛，叶缘增厚；
叶脉不明显；叶柄圆柱形，长5～10mm。假伞状
花序，多年生，伞状稍突起，着花10～20朵；花
序梗长2～10cm；花梗长10～20mm；花紫红色，
花冠完全反卷，直径约6mm，高约7mm；副花冠
明黄色，双裂片，具红芯。

花正面、侧面、背面

副花冠正面、背面

Hoya 'Losita'　　　　　*Hoya wayetii*

喜来登
（*Hoya* 'Losita'）

T 特殊裂片型

特殊裂片型是除单裂片型、双裂片型以外的其他类型，严格来说，特殊裂片型是一类副花冠形态更为复杂的单裂片型球兰。

小藤本或小灌木。花通常较小，稀大花型；叶柄圆柱形或具槽。假伞状花序，花序梗多年生；花粉块直立或下垂。

皇冠球兰

Hoya ignorata T. B. Tran, Rodda, Simonsson & Joongku Lee （2011）

广布于中南半岛、马来半岛等。种加词意指其副花冠5裂的特征不明显，易被排除出球兰属植物。中文名取意于副花冠形似皇冠。

直立小灌木，植株无毛，附生于树上。叶深绿色，卵形至卵状披针形，基部楔形，先端急尖或钝尖，具长尾尖，（5~8）cm×（2.5~3.2）cm；羽状脉4~8对；叶柄圆柱形，短至2mm。假伞状花序，多年生，隐藏于叶下，伞状扁平，直径约10mm，着花约13朵；大苞片常不脱落；花序梗长10~15mm；花梗长1~5mm；花黄色，花冠完全反卷，冠内被微毛；副花冠杯状，无裂片，直径约2mm，高约0.8mm；花粉块下垂。

克朗球兰

Hoya krohniana Kloppenb. & Siar（2009）

　　原产于菲律宾。种加词以Philip Krohn命名。国内称为"裂瓣-心叶"。常见栽培，广州遇极端寒潮时有轻微冻害，易养护。

　　小藤本，植株被细毛。心叶基部圆形或急尖，先端钝尖，（1.5～3.5）cm×（1.5～2.5）cm；羽状脉3～4对；叶柄圆柱形，长6～15mm。假伞状花序，多年生，伞状扁平；花序梗长5～12cm；花梗长2～8mm；花白色，花冠完全反卷，冠内被长毛；副花冠白色，较透明，裂片卵形，外角低于内角，蕊裙膨大，膜间联合。

花正面、背面

蕊裙膨大，膜间联合

副花冠正面、背面、侧面

副花冠正面

花正面　　　副花冠侧面

小棉球兰

Hoya obscura Elmer & C. M. Burton（1986）

原产于菲律宾。国内外常见栽培，易养护，广州栽培未见冻害。有1个与*H. lacunosa*杂交选育而得的杂交种：贝丽卡（*H.* 'Rebecca'）。

小藤本，植株几无毛，茎粗壮。叶肉质，长卵形，基部楔形或下延，先端急尖或钝尖，（6～12）cm×（1.5～2.5）cm；平行脉明显，3～4对；叶柄圆柱形，长10～20mm。假伞状花序，多年生，伞状扁平，着花30余朵，直径约4.5cm；花序梗长8～12cm；花梗长10～30mm；花橙红色至桃红色，花冠完全反卷，冠内被密长毛，直径约6mm；副花冠黄色，裂片卵形，外角低于内角，蕊裙膨大成一薄膜，膜间半联合。

贝丽卡（*H.* 'Rebecca'）

娑玛迪球兰

Hoya somadeeae Rodda & Simonsson

原产于泰国，以泰国球兰协会会长Surisa Somadee名字命名。稀见栽培，在广州长势良好，花期10月至翌年1月。

小藤本，除花梗外植株被细毛，茎纤细。叶肉质、卵形或狭卵形，基部楔形至宽楔形，先端钝尖至锐尖，（3~13）cm×（1~1.2）cm；羽状脉不清晰；叶柄具浅槽，长5~15mm。假伞状花序，多年生，伞状略凹或扁平，着花20余朵，花序梗长6~15cm；花梗长2~3cm；花黄绿色，花冠完全反卷，冠内被长细毛，裂片光滑无毛，直径约10mm，高约10mm；副花冠米白色，直径约8mm，裂片菱形，外角低于内角，蕊裙膨大成一薄膜，膜间半联合。

冠内被密毛　　裂片光滑无毛　　　　　　花正面、侧面、背面　　膨大的膜状蕊裙

花正面、侧面、背面　　　　　　　　副花冠正面、背面、侧面

夜来香球兰

Hoya telosmoides Omlor（1996）

原产于婆罗洲北部。种加词意指其花冠类似于夜来香属的花冠，故名。罕见栽培，在广州可顺利过冬，花期12月至翌年3月，极端低温时花易脱落。

藤本，植株无毛，茎粗壮。叶狭椭圆形或长卵形，基部楔形，下延，先端尖锐，尾尖长，（8~13）cm×（2.5~5.5）cm；网状脉明显；叶柄具槽，长1~2.5cm。假伞状花序，多年生，伞状突起，着花10余朵；花冠瓶状，紫色，中部束起，长18~20mm，筒高6~7mm，最宽约6mm，裂片长三角形，长12~13mm，筒内至喉部被白长毛，裂片内表面光滑无毛；合蕊冠高约5mm，直径约6mm；副花冠乳白色，直立，内角具一膜状附属物，且伸出合蕊冠。

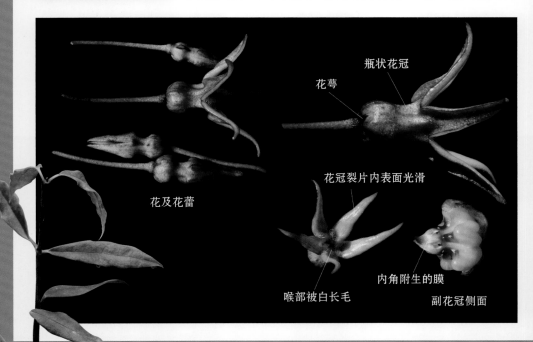

花萼
瓶状花冠
花冠裂片内表面光滑
花及花蕾
喉部被白长毛
内角附生的膜
副花冠侧面

相似球兰的
比较

彩叶球兰、大绿叶、护耳草和尖峰岭球兰的比较

种	P016 彩叶球兰 H. carnosa var. gushanica	P017 大绿叶 H. motoskei	P020 护耳草 H. fungii	P021 尖峰岭球兰 H. jianfenglingensis
叶	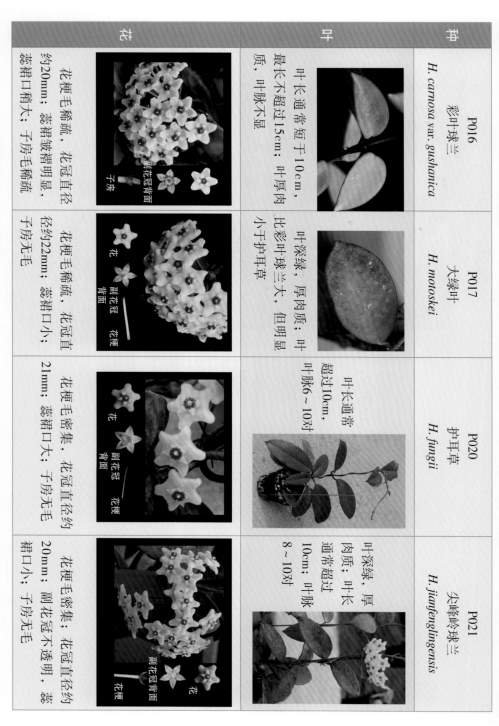 叶长通常短于10cm，最长不超过15cm；叶厚肉质，叶脉不显	叶深绿，厚肉质；比彩叶球兰大，但明显小于护耳草	叶长通常超过10cm，叶脉6~10对	叶深绿，厚肉质；叶长通常超过10cm，叶脉8~10对
花	花梗毛稀疏，花冠直径约20mm；蕊柱皱褶明显，蕊柱口稍大；子房毛稀疏	花梗毛稀疏，花冠直径径约22mm；蕊柱口小；子房无毛	花梗毛密集，花冠直径约21mm；蕊柱口大；子房无毛	花梗毛密集，花冠直径约20mm；副花冠不透明，蕊柱口小；子房无毛

景洪球兰、贝拉球兰、恩格勒球兰、披针叶球兰

种	P029 景洪球兰 *H. chinghungensis*	P065 贝拉球兰 *H. bella*	P077 恩格勒球兰 *H. engleriana*	P085 披针叶球兰 *H. lanceolata*
叶	 阔卵形，叶间隔密集	 卵形	 狭卵状披针形	 卵状披针形
花	 副花冠裂片棒形	 副花冠裂片厚，船形	 副花冠裂片厚，船形	 副花冠裂片棒形

大勐龙球兰和线叶球兰

种	P030 ~ P031 大勐龙球兰 *H. daimenglongensis*	P040 线叶球兰 *H. linearis*
花	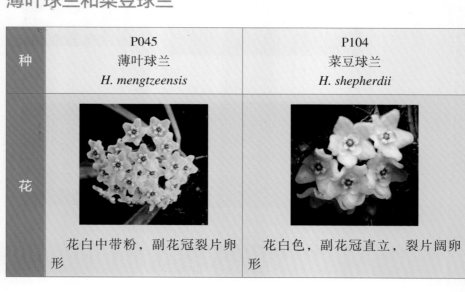 花序偏平或稍凹，有花9朵；副花冠裂片卵形，中脊及边缘明显隆起，形似融化的冰棒	花序凹陷，有花10余朵；副花冠裂片线形，形如冰棒

薄叶球兰和菜豆球兰

种	P045 薄叶球兰 *H. mengtzeensis*	P104 菜豆球兰 *H. shepherdii*
花	花白中带粉，副花冠裂片卵形	花白色，副花冠直立，裂片阔卵形

蜂出巢与洛克球兰

种	P046 蜂出巢 *H. multiflora*	P088 洛克球兰 *H. lockii*
植株	植株光滑无毛	植株被毛
花	花序梗1年生；花黄色至黄绿色；副花冠裂片内角直立，外角渐尖，向下	花序梗多年生；花白色；副花冠平展，表面极窄

琴叶球兰与缅甸球兰

种	P049 琴叶球兰 *H. pandurata*	P071 缅甸球兰 *H. burmanica*
叶	提琴状，叶中部稍缩，先端钝	卵状披针形，先端尖
花	花冠完全反卷，内表面毛密集	花冠近钟形，内表面光亮，毛稀疏

阿拉沟河球兰与波特球兰

种	P062 阿拉沟河球兰 *H. alagensis*	P070 波特球兰 *H. buotii*
花	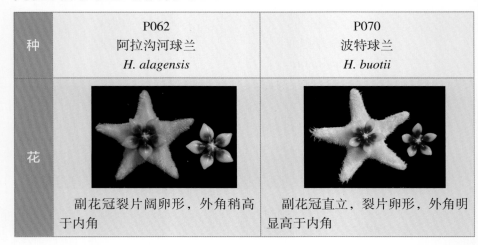	
	副花冠裂片阔卵形，外角稍高于内角	副花冠直立，裂片卵形，外角明显高于内角

反冠布拉斯与火红球兰

种	P069 反冠布拉斯 *H. blashernaezii* subsp. *valmayoriana*	P080 火红球兰 *H. ilagiorum*
叶	叶长通常短于12cm，叶脉1～2对	叶大型，叶长通常为8～18cm，叶脉2～3对
花	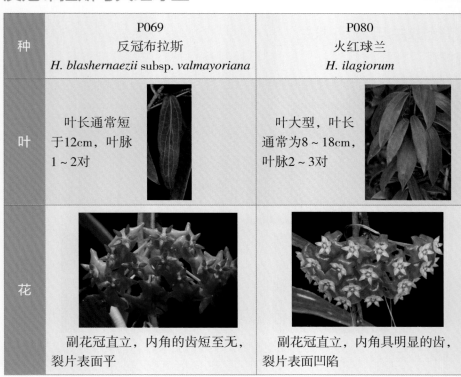	
	副花冠直立，内角的齿短至无，裂片表面平	副花冠直立，内角具明显的齿，裂片表面凹陷

埃尔默球兰和红冠球兰

种	P076 埃尔默球兰 *H. elmeri*	P079 红冠球兰 *H. erythrostemma*
叶	叶脉不清晰	叶脉明显
花	花冠表面毛长，几等长于副花冠裂片；副花冠背面较宽，约为长的1/2	花较大，花冠表面毛密集且短；副花冠背面较窄，约为长的1/3

棉叶球兰和猴王球兰

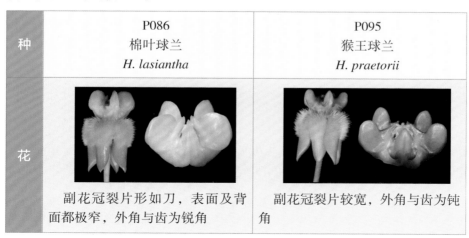

种	P086 棉叶球兰 *H. lasiantha*	P095 猴王球兰 *H. praetorii*
花	副花冠裂片形如刀，表面及背面都极窄，外角与齿为锐角	副花冠裂片较宽，外角与齿为钝角

植物名录

中国球兰鉴赏

G 国外球兰鉴赏

单裂片型

拉丁学名
检索

参考文献

蒋英，李秉滔，1977．萝藦科．中国植物志 [M]．北京：科学出版社，475‑492．

李惠林，刘棠瑞，黄增泉，等，1978．台湾植物志 [M]．台北：现代关系出版社，236‑239．

ENDRESS M E, SIGRID LIEDE-SCHUMANN S, MEVE U, 2014. An updated classification for Apocynaceae [J]. Phytotaxa, 159: 175–194.

LAMB A, RODDA M, 2016. A Guide to Hoyas of Borneo [J]. Natural History Publications, Borneo. 1–13.

LI P T, GILBERT M G, STEVENS W D, 1995. Asclepiadaceae [M] //WU C Y, RAVEN P H. Flora of China. Beijing & St. Louis: Science Press & MissouriBotanical Garden Press, 190‑236.

MYERS N, MITTERMEIER R A, MITTERMEIER C G, 2000. Biodiversity hotspots for conservation priorities [J]. Nature, 403: 853–858.

NAZAR N, GOYDER D J, CLARKSON J J, 2013. The taxonomy and systematics of Apocynaceae: where we stand in 2012 [J]. Botanical Journal of the Linnean Society, 171: 482–490.

RODDA, M, 2015. Two new species of *Hoya* R.Br. (Apocynaceae, Asclepiadoideae) from Borneo [J]. Phytokeys, 53: 83–93.

TRAILL, 1830. Transactions of the Horticultural Society of London [J]. Horticultural Society of London, V7: 16–17.

TSIANG Y, 1936. Notes on the Asiatic Apocynales Ⅲ [J]. Sunyatsenia, 3: 169‑180.

TSIANG Y, LI P T, 1977. Flora Reipublicae Popularis Sinicae [M]. Beijing: Science Press, V63: 475‑492.

WU C Y, LI X W, 1983. Flora Yunnanica. Beijing: Science Press, V3: 563‑674.

ZHANG J F, BAI L, XIA N H, 2015. *Hoya yingjiangensis* (Apocynaceae, Asclepiadoideaea), a new campanulateflowered species from Yunnan, China [J]. Phytotaxa, 219: 283–288.